Chimie générale

330 QCM et exercices

CHEZ LE MÊME ÉDITEUR

Dans la même collection

Histologie, 300 QCM, par J. POIRIER, M. CATALA, J.-M. ANDRÉ avec la collaboration de J.-F. BERNAUDIN et R.K. GHÉRARDI, 2002.

Embryologie, 300 QCM, par M. CATALA, 2002.

Biologie Cellulaire, 300 QCM, par M. MAILLET, 2002.

Chimie organique, 120 QCM et exercices, par H. GALONS, 2002.

Anatomie 265 QCM. Tome 1 , par J.-P. CHEVREL, 2002.

Anatomie 300 QCM. Tome 2 , par J.-P. CHEVREL, 2002.

Dans la collection Abrégés cours+exos

Biologie cellulaire, par M. MAILLET, 2002.

Histologie. Les tissus, par J. POIRIER, J.-L. RIBADEAU DUMAS, M. CATALA, J.-M. ANDRÉ, R. GHERARDI, J.-F. BERNAUDIN, 2002.

Biomathématiques, par S. BÉNAZETH, M. BONIFACE, I. NICOLIS, V. LASSERRE, C. DEMARQUILLY, M. LEMDANI, 2001.

Évolution de l'organisation animale, par J. BAILENGER, 2001.

Chimie générale, par G. GERMAIN, R. MARI, D. BURNEL, 2001.

Biochimie génétique, biologie moléculaire, par J. ÉTIENNE, É. CLAUSER, 2001.

Probabilités et statistique, par A.-J. VALLERON, 2001.

Biophysique. Radiobiologie, radiopathologie, par R. PAULIN, P. GALLE, 2000.

Anatomie générale, par J.-P. CHEVREL, J.-L. DUMAS, J.-P. GUÉRAUD, J.-B. LÉVY, 2000.

Embryologie. Développement précoce chez l'humain, par M. CATALA, 2000.

Chimie organique, par H. GALONS, 2000.

QCM

Médecine

Pharmacie
Deug SVT

Chimie générale

330 QCM et exercices

G. Germain

MASSON

Maquette intérieure de Christian Blangez

978-2-294-00794-1

ELSEVIER MASSON S.A.S. – 62, rue Camille-Desmoulins, 92442 Issy-les-Moulineaux Cedex

Utilisation du cache-réponses

Cet ouvrage vous propose un mode d'entraînement aux QCM, **rapide** et **convivial**. Grâce à un système de **cache-réponses**, vous disposez sur chaque double page :

– des questions, accompagnées de cases à cocher ;

– de leurs réponses, cachées ;

– de commentaires des auteurs (explication d'un piège, complément de cours, conseil, etc.).

Le travail d'entraînement et le contrôle de vos résultats se réalisent donc double page après double page, sans navigation laborieuse dans l'ouvrage.

L'utilisation du cache est très simple ; nos conseils sont les suivants :

1. Le cache-réponses, une fois détaché, doit être plié sur la longueur, suivant la rainure prévue à cet effet.

2. Il se positionne dans la gouttière de l'ouvrage, c'est-à-dire au « centre », à cheval sur la page de gauche et la page de droite. Les cases précochées fournissant les réponses sont occultées tandis que les cases vierges sont à votre disposition pour un travail au crayon dans les conditions réelles du concours.

3. Une fois l'ensemble des réponses aux QCM de la double page cochées, le cache peut être enlevé pour le contrôle des résultats.

4. Des appels de notes vous renvoient alors à un ou plusieurs commentaires situés en bas de page dans la zone grisée.

Important : lors du contrôle de vos résultats sur une double page donnée, nous vous conseillons de glisser le cache-réponses dans la double page suivante : ainsi, quand vous passerez à cette nouvelle double page, votre œil – qui travaille très efficacement et éventuellement à l'encontre de votre volonté – ne sera pas tenté d'en « photographier » les corrigés.

L'éditeur

Table des matières

AVANT-PROPOS

Cet ouvrage a surtout pour objectif d'optimiser la préparation de la chimie au concours du PCEM. Il pourra être utilisé avec profit par tous les étudiants des premiers cycles de sciences de la vie .

La préparation à un concours implique de se limiter à l'essentiel et au fondamental tout en sachant que l'enseignement de la chimie générale est plus ou moins médicalisé selon les universités.

J'ai fait le choix de proposer à la fois des applications du cours tant au niveau des connaissances de chimie descriptive acquises dans l'enseignement secondaire que des exemples pris dans la chimie de la vie illustrée par la suite. Les QCM et exercices de ce livre couvrent ainsi le large éventail de tous les sujets proposés au concours du PCEM en France avec cependant l'ambition d'aider l'étudiant à assimiler l'ensemble du programme de chimie.

Ce manuel est donc un complément du cours. J'ai, bien entendu, pris comme support le cours proposé dans l'ouvrage « Chimie générale » dans la collection des *Abrégés cours+exos* chez le même éditeur et dont je suis un des coauteurs.

Son utilisation passe donc préalablement par l'acquisition du cours. Chaque chapitre comporte des QCM et des exercices qui couvrent la totalité du cours et toutes les difficultés que rencontrent les étudiants.

Les QCM permettent essentiellement de contrôler l'acquisition des savoirs et des applications très élémentaires. Pour chaque question, l'étudiant a tout intérêt à revoir la partie du cours concernée chaque fois qu'il a une hésitation sur la réponse Vrai ou Faux. Il ne doit surtout pas se satisfaire d'une réponse formulée par hasard. Cette attitude est justifiable lors de l'épreuve du concours, elle ne l'est absolument pas dans la phase de préparation.

Je n'étais personnellement pas très partisan des QCM pour évaluer les étudiants mais je dois reconnaître, après avoir terminé ce manuel, que leur exploitation apporte aux étudiants un outil spécifique, efficace, supplémentaire et très complémentaire des exercices pour mieux assimiler leur cours de chimie. L'étudiant doit cependant être très vigilant car il doit éviter de mémoriser des questions véhiculant des informations et des concepts faux. Le contrôle de la réponse est donc indispensable.

Les exercices comportent, en général, une difficulté par question. Ils sont corrigés. Mon expérience de professeur des universités m'a conduit à constater que, très souvent, les étudiants ne font pas l'effort de faire seuls, dans les conditions du concours, les exercices. Ils se précipitent très rapidement sur les corrigés qui leur paraissent alors évidents. Ils ont l'impression d'avoir acquis le savoir-faire correspondant. En fait, placés une semaine plus tard devant une feuille blanche avec l'énoncé du même exercice, ils ne surmontent pas le plus souvent la difficulté rencontrée lors de la première confrontation. Je conseille donc toujours à tous les

étudiants de reprendre, dans les conditions du concours, les exercices qu'ils n'ont pas été capables de résoudre lors de leur première tentative.
Enfin, rappelons que l'objectif lors de la préparation d'un concours n'est pas d'avoir la moyenne mais la meilleure note possible.
Bon courage.

Professeur Gérard Germain

1.
La matière

QCM

1. Systèmes homogènes et hétérogènes.

A. L'air est un système homogène	☐	☒
B. Le sang est un système hétérogène	☐	☐
C. Le granit est un système hétérogène	☐	☒
D. Le réactif et les produits de la réaction : $CaCO_3$ g ↔ Ca Os + CO_2 g constituent un système homogène	☐	☐

2. Corps purs, corps simples, molécules et atomes.

A. L'eau de source est un corps pur	☐	☐
B. Le sang est constitué de molécules identiques	☐	☐
C. Le graphite pur est un corps simple	☐	☒
D. Le diamant et le graphite sont constitués d'atomes identiques	☐	☒
E. Lors d'une réaction chimique, les corps simples se conservent	☐	☐

3. Quelles sont les lettres symboliques correctes définissant les éléments suivants ?[1]

A. A pour l'aluminium	☐	☐[2]
B. Pl pour le plomb	☐	☐[3]
C. Sr pour le strontium	☐	☒
D. Et pour l'étain	☐	☐[4]
E. U pour l'uranium	☐	☒

4. Quelles sont les bonnes formules chimiques ?

A. HCl pour le chlorure d'hydrogène	☐	☒
B. H_2SO_3 pour l'acide sulfurique	☐	☐[5]
C. $NaHCO_3$ pour l'hydrogènocarbonate de sodium	☐	☒
D. KNO_3 pour le nitrite de potassium	☐	☐[6]
E. C_3H_7 pour le propène	☐	☐[7]

5. Quelles sont les bonnes masses molaires exprimées en $g.mol^{-1}$?

A. 98 pour l'acide sulfurique	☐	☒
B. 18 pour l'ammoniac	☐	☐[8]
C. 60 pour l'acide éthanoïque	☐	☒
D. 60 pour l'urée	☐	☒
E. 100 pour le carbonate de calcium	☐	☒

1) Consulter la classification périodique du livre.
2) Al.
3) Pb.
4) Sn.
5) H_2SO_4.
6) KNO_2.
7) C_3H_6.
8) 17 $g.mol^{-1}$.

1

L'analyse élémentaire d'un composé organique contenant du carbone, de l'oxygène et de l'hydrogène donne les résultats suivants :
C : 39,13 % ; O : 52,17 % ; H : 8,70 % (en masse) ; sa masse molaire est de 92 $g.mol^{-1}$.
Quel est le nom de ce corps, sachant qu'il s'agit d'un polyalcool ?

2

L'acide palmitique et l'acide stéarique sont des acides gras saturés. Ils possèdent un seul groupement fonctionnel acide carboxylique. Écrire les formules semi-développées de ces acides sachant que le premier contient 16 atomes de carbone et le second 36 atomes d'hydrogène.

3

Le sulfate de cuivre est hydraté à l'état solide. Placé dans une étuve, un échantillon de 36 g a une masse finale de 23 g. En déduire la formule de ce sel hydraté.

1

Formule brute : $C_xH_yO_z$; M = 12x + y +16z
%C = (100 × 12x) / M ; %H = (100 × y) / M ; %O = (100 × 16z) / M
x = 3 ; y = 8 ; z = 3 soit $C_3H_8O_3$; il s'agit du glycérol (ou propanetriol-1,2,3).

2

Acide palmitique : $CH_3 - (CH_2)_{14} - COOH$
Acide stéarique : $CH_3 - (CH_2)_{16} - COOH$

3

$m(CuSO_4) / m(H_2O)_n = 23 / (36 - 23) = 1,76$
$M(CuSO_4) = 159,5\ g.mol^{-1}$; $M(H_2O) = 18\ g.mol^{-1}$
$m(H_2O)_n$ pour une mole : 159,5 / 1,76 = 90,6 g, soit n =90,6 / 18 ≅ 5
Ce sel a pour formule $CuSO_4,5H_2O$.

2. L'atome

QCM

1. Constituants de l'atome.

A. Le volume de l'atome est environ 10^{12} fois plus important que celui du noyau de l'atome ☐ ☒
B. Le nombre d'électrons d'un atome définit le numéro atomique Z ☐ ☐[1]
C. Le nombre de masse A est égal à la somme du nombre de neutrons et du nombre d'électrons ☐ ☐[2]
D. Écrire $^{32}_{16}S$ signifie que cet atome contient 16 protons, 16 neutrons dans son noyau et 16 électrons ☐ ☒
E. La masse des électrons est négligeable devant la masse totale des protons et des neutrons d'un atome ☐ ☒

2. Ions.

A. L'ion sulfure est constitué de 16 protons, 16 neutrons et 14 électrons ☐ ☐[3]
B. L'ion hydrogènocarbonate est un cation ☐ ☐[4]
C. La charge de l'ion hydroxyde est portée par l'atome d'oxygène ☐ ☐[5]
D. La différence entre le nombre de protons et le nombre d'électrons dans l'ion Ti^{4+} est 4 ☐ ☒
E. Des atomes identiques peuvent donner naissance à plusieurs ions de charges différentes ☐ ☒

3. Isotopes.

A. $^{1}_{1}H$ et $^{3}_{1}H$ sont 2 isotopes de l'hydrogène ☐ ☒
B. Plusieurs isotopes d'un même élément constituent un nucleïde ☐ ☐[6]
C. Les corps simples sont généralement constitués d'un mélange d'isotopes ☐ ☒
D. L'atome A contient 6 protons et 6 neutrons ; l'atome B contient 6 protons et 8 neutrons ; A et B sont 2 isotopes ☐ ☒
E. Les isotopes d'un élément sont soit tous radioactifs soit ne le sont pas ☐ ☐[7]

4. Modèles atomiques de l'atome d'hydrogène.

A. Le modèle de Rutherford implique que l'électron gravite autour du noyau en décrivant une orbite elliptique comme la Terre autour du Soleil ☐ ☐[8]
B. L'énergie totale et du système noyau-électron est minimum lorsque le rayon r de l'orbite est le plus petit possible ☐ ☒
C. Les spectres d'émission de l'atome d'hydrogène sont continus ☐ ☐[9]
D. Il y a émission d'une radiation lorsque l'électron passe d'une orbite plus éloignée du noyau à une orbite plus proche ☐ ☒
E. Dans son état fondamental ,le rayon r de l'orbite de Bohr est 0,53 nm ☐ ☐[10]

1) Par le nombre de protons.
2) Nombre de neutrons et de protons.
3) S^{2-} a 18 électrons.
4) HCO_3^- est un anion.
5) Par l'ensemble des 2 atomes O et H.
6) Un isotope.
7) Non, le carbone 14 est radioactif, le 12 ne l'est pas.
8) Orbite circulaire.
9) Discontinus.
10) 0,053 nm ou 0,53 Å.

5. Modèle ondulatoire de l'atome d'hydrogène.

- [x] [ ] A. La mécanique quantique correspond à l'évolution historique du développement de la mécanique ondulatoire
- [x] [ ] B. Dans le modèle de la mécanique ondulatoire, l'électron a un comportement identique à celui du photon
- [ ] [1] [ ] C. L'électron a une position bien précise dans une orbitale
- [ ] [2] [ ] D. La longueur d'onde associée à un électron est proportionnelle à la quantité de mouvement de cet électron
- [x] [ ] E. La probabilité maximum de trouver l'électron de l'atome d'hydrogène se situe dans une calotte sphérique située à une distance du noyau correspondant à la première orbite de Bohr
- [ ] [3] [ ] F. Les orbitales ont toutes une symétrie sphérique

6. Remplissage des orbitales.

- [x] [ ] A. Une orbitale ne peut contenir que 2 électrons
- [ ] [4] [ ] B. L'ordre de remplissage suit toujours l'ordre définit par n
- [x] [ ] C. Quatre électrons définis par n = 2 et l = 1 constituent un doublet électronique et 2 électrons célibataires
- [ ] [5] [ ] D. Les orbitales 4f sont remplies après l'orbitale 5s et avant 5d

7. Nombres quantiques.

- [x] [ ] A. Deux électrons d'un atome ne peuvent avoir les mêmes nombres quantiques
- [ ] [6] [ ] B. À n = 0 correspond la couche K
- [ ] [7] [ ] C. La couche N comprend au maximum 18 électrons
- [x] [ ] D. À l = 0 correspondent les orbitales s
- [ ] [8] [ ] E. Les 4 nombres quantiques n, l, m, s définissent une orbitale
- [x] [ ] F. Aux orbitales définies par n = 4, l = 2 correspondent 5 orbitales d localisées différemment dans l'espace

1) Non, probabilité maximum de trouver l'électron dans l'ensemble de l'orbitale avec des zones de densité plus importantes que d'autres.
2) Inversement proportionnelle.
3) Non ,voir orbitales p par exemple.
4) Non, orbitales d'énergie croissante.
5) Après 6s et avant 5d.
6) n = 1.
7) 32.
8) Un électron, n, l et m définissent une orbitale.

8. Quelles sont les configurations électroniques correctes ?

A. O : $1s^2 2s^2 2p^4$ ☐ ☒
B. Mg : $1s^2 2s^2 2p^6 3s^2$ ☐ ☒
C. Cl : Ne $3s^2 3p^4$V ☐ ☒
D. Zr : K L M N $5s^2 5p^2$ ☐ ☐[1]
E. Ba : Kr $5s^2 5p^6 5d^2$ ☐ ☐[2]

9. Quelles sont les configurations électroniques possibles pour un atome dans son état fondamental ?

A. $1s^2 2s^2 2p^6$ ☐ ☒
B. $1s^2 2s^2 2p^6 3s^2 3p^7$ ☐ ☐[3]
C. K L $3s^2 3p^6 3d^5$ ☐ ☐[4]
D. Ar $5s^2 5p^3$ ☐ ☐[5]
E. K L M N $5s^2 5p^2$ ☐ ☐[6]
F. Kr $5s^2$ ☐ ☒
G. Kr $5s^2 5p^6 4f^2$ ☐ ☐[7]

10. Quelles sont les configurations électroniques correctes des ions suivants ?

A. H^- : $1s^2$ ☐ ☒
B. Fe^{2+} : K L M $4s^2 3d^4$ ☐ ☐[8]
C. S^{2-} : Ne $3s^2 3p^2$ ☐ ☐[9]
D. Ti^{4+} : Ar ☐ ☒
E. Ag^+ : Kr $5s^1 4d^9$ ☐ ☐[10]

11. Classification périodique.

A. Mendeleef a classé les éléments par masse atomique croissante et placé les éléments de propriétés chimiques en parties semblables dans des colonnes verticales ☐ ☒
B. Mendeleef laissa des cases vides impliquant la présence d'éléments à découvrir ☐ ☒
C. Les alcalino-terreux ont pour configuration électronique de leur couche externe ns^1 ☐ ☐[11]
D. L'élément de numéro atomique Z = 55 a des propriétés chimiques proches de celles du sodium ☐ ☒
E. Les métaux sont essentiellement à droite de la classification périodique ☐ ☐[12]

1) K L M N $5s^2 4d^2$.
2) Xe $6s^2$.
3) $2p^6$, p^7 est impossible.
4) $4s^2$ avant 3d.
5) Manque couche n =4.
6) 4d avant 5p.
7) Ordre 5s 4d 5p.
8) $4s^2$ disparaît en priorité donc $3d^6$.
9) 3p6.
10) $5s^1$ disparaît donc $4d^{10}$.
11) ns^2.
12) À gauche.

12. Potentiel d'ionisation. Affinité électronique. Électronégativité.

- [x] [ ] **A.** Le potentiel d'ionisation du sodium est l'énergie E correspondant à : $Na + E \rightarrow Na^+ + e$
- [x] [ ] **B.** Le potentiel d'ionisation est plus important pour le sodium que pour le lithium
- [ ] [1] [ ] **C.** L'affinité électronique est l'énergie qu'il faut fournir pour capter un électron
- [ ] [2] [ ] **D.** L'électronégativité de l'hydrogène est plus importante que celle du carbone
- [ ] [3] [ ] **E.** L'électronégativité du chlore est plus importante que celle de l'oxygène
- [x] [ ] **F.** L'acide $CH_2Cl{-}COOH$ est plus fort que l'acide $CH_2Cl{-}CH_2{-}COOH$

1) Énergie libérée.
2) Moins importante.
3) Moins importante.

4

L'hydrogène comporte 3 isotopes de nombre de masse : 1, 2 et 3 que l'on appelle respectivement : hydrogène H, deuterium D et tritium T.

1. Quelle est la structure des noyaux de ces 3 isotopes ?
2. Quelle est la structure électronique de l'atome d'hydrogène et des ions H^+ et H^- ?

5

1. Quelle est la différence entre ^{14}N et ^{15}N ? Comment les appelle-t-on ?
2. Combien chacun de ces atomes a-t-il d'électrons ?

6

Quelles sont les types d'orbitales atomiques désignés par le nombre quantique principal n = 3 ?

7

Quelles sont et combien d'orbitales sont définies par n = 4 et l = 3 ?

8

1. À quels éléments correspondent les structures électroniques de la dernière couche suivante :
   - $3s^2\ 3p^4$
   - $3s^2\ 3p^2$
2. À quel(s) ion(s) correspond la structure électronique de la dernière couche suivante : $2s^2\ 2p^6$?

9

Indiquer l'ordre de remplissage des diverses couches et sous-couches électroniques des éléments suivants en précisant le nombre d'électrons pour chaque sous-couche : chlore, potassium et zirconium.

10

Étude des configurations électroniques du fer et du nickel.

1. Indiquer l'ordre de remplissage des différentes orbitales pour ces 2 éléments.
2. Écrire leur structure électronique.
3. Définir le nombre d'électrons célibataires. Quelle règle applique-t-on ? Énoncez- la.
4. Quels sont les ions de ces 2 éléments ? Écrire la structure électronique de leur dernière couche et sous-couche incomplète.

11

Les éléments N, O et F ont respectivement 7, 8 et 9 électrons.

1. Donner leur structure électronique.
2. Quel est celui qui a la plus forte affinité électronique ?

12

Parmi les familles d'éléments suivantes, halogènes, alcalins, éléments de transition, alcalino-terreux, terres rares, où faut-t-il ranger le fer, le calcium, le magnésium, le manganèse et le césium ?

13

Les éléments N, P, As, Sb et Bi font partie de la même colonne de la classification périodique.

1. Le numéro atomique de As étant égal à 33, quelle est la caractéristique commune à ces éléments ?
2. Sachant que le phosphore appartient à la troisième période, donner sa structure électronique et indiquer son numéro atomique.

14

Classer par ordre croissant d'électronégativité les 6 éléments suivants : azote, carbone, chlore, hydrogène, oxygène et sodium.

15

Sachant que l'acide diméthyl-2,2 propanoïque est moins acide que l'acide éthanoïque, classer les 3 paires d'acides par rapport à leur acidité :
$Cl{-}CH_2{-}CO_2H$ et $I{-}CH_2{-}CO_2H$; $Br{-}CH_2{-}CO_2H$ et $Br{-}CH_2{-}CH_2{-}CO_2H$;
$NO_2{-}C_6H_4{-}CO_2H$ et $C_6H_5{-}CO_2H$

16

Compléter les termes manquants et choisir entre les 2 propositions en italique :
Un atome X est caractérisé par la configuration électronique suivante :
$1s^2\ 2s^2\ 2p^6\ 3s^2\ 3p^6\ 4s^2$. Il possède ...... électrons et son numéro atomique est ....
Pour connaître le nombre de neutrons contenu dans le noyau de cet atome, il faudrait connaître .... Les électrons de la dernière couche sont représentés dans la configuration électronique ci-dessus par .... Cet atome a donc tendance à acquérir la couche électronique du gaz rare *qui le précède - qui le suit* dans la classification périodique, en fournissant un *anion - un cation* par *gain - perte* de ...... électrons. La formule de cet ion serait .... Le potentiel de première ionisation de cet atome est *inférieur - supérieur* à celui de l'atome situé au-dessus de lui dans le même groupe (colonne) et *inférieur - supérieur* à celui de l'atome situé dans la même période immédiatement à sa gauche.

4

1. H : le noyau contient 1 proton ; D : le noyau contient 1 proton et 1 neutron ; T : le noyau contient 1 proton et 2 neutrons.

2. H : $1s^1$ H^+ : $1s^0$ (il n'y a plus d'électron, l'ion H^+ se réduit au proton qui est 10^4 plus petit que l'atome) H^- : $1s^2$ (l'orbitale 1s est complète).

5

1. Ce sont 2 isotopes dont les noyaux ont un nombre de neutrons différent : 7 pour ^{14}N et 8 pour ^{15}N.

2. 7 électrons pour les 2 atomes.

6

1 orbitale s, 3 orbitales p et 5 orbitales d.

7

7 orbitales f.

8

1. $3s^2$ $3p^4$: c'est le soufre qui a sa dernière couche identique à celle de l'atome d'oxygène ; $3s^2$ $3p^2$: c'est le silicium qui a sa dernière couche identique à celle du carbone.

2. $2s^2$ $2p^6$: il s'agit de la structure électronique du gaz rare néon qui est également celle de l'ion Na^+ (perte de l'électron $3s^1$) et de l'ion F^- (gain de 1 électron sur sa dernière couche).

9

Cl : Z = 17, $1s^2$ $2s^2$ $2p^6$ $3s^2$ $3p^5$
K : Z = 19, $1s^2$ $2s^2$ 2p6 $3s^2$ $3p^6$ $4s^1$
Zr : Z = 40, $1s^2$ $2s^2$ 2p6 $3s^2$ $3p^6$ $4s^2$ $3d^{10}$ $4p^6$ $5s^2$ $4d^2$

10

1. Fe : Z = 26, Ni : Z = 28 ; pour les 2 : 1s 2s 2p 3s 3p 4s 3d

2. Fe : $1s^2$ $2s^2$ $2p^6$ $3s^2$ $3p^6$ $3d^6$ $4s^2$, ou Ar $3d^6$ $4s^2$
Ni : $1s^2$ $2s^2$ $2p^6$ $3s^2$ $3p^6$ $3d^8$ $4s^2$, ou Ar $3d^8$ $4s^2$

3. Fe : 4 électrons célibataires ; Ni : 2 électrons célibataires. On applique la règle de Hund : les électrons occupent un maximum d'orbitales définies par le nombre quantique azimutal avant de les compléter par un deuxième électron de spin opposé.

4. Fe^{2+}, Fe^{3+}et Ni^{2+}
Fe^{2+} : $3s^2$ $3p^6$ $3d^6$; Fe $^{3+}$: $3s^2$ $3p^6$ $3d^5$
Ni^{2+} : $3s^2$ $3p^6$ $3d^8$

11

1. N : $1s^2\ 2s^2\ 2p^3$
O : $1s^2\ 2s^2\ 2p^4$
F : $1s^2\ 2s^2\ 2p^5$

2. Le fluor a la plus forte affinité électronique, c'est-à-dire l'énergie libérée quand il capte un électron.

12

Fe : élément de transition ; Ca : alcalino-terreux ; Mg : alcalino-terreux ; Mn : élément de transition ; Cs : alcalin.

13

1. La dernière couche électronique est identique : $ns^2\ np^3$.

2. P : $1s^2\ 2s^2\ 2p^6\ 3s^2\ 3p^3$; $Z = 15$.

14

Na–H–C–N–Cl–O

15

$Cl{-}CH_2{-}CO_2H > I{-}CH_2{-}CO_2H$; $Br{-}CH_2{-}CO_2H > Br{-}CH_2{-}CH_2{-}CO_2H$ et $NO_2{-}C_6H_4{-}CO_2H > C_6H_5{-}CO_2H$

16

20 ; Z = 20 ; le nombre de masse A ; $4s^2$; qui le précède ; un cation ; par perte ; de 2 ; Ca^{2+} ; inférieur ; supérieur.

3.
Liaisons chimiques

18. Modèle de Lewis. Règle de l'octet

A. La représentation de Lewis prend en compte « les électrons de valence », c'est-à-dire les électrons de la dernière couche électronique incomplète ☐ ☒

B. La représentation de Lewis de l'atome de Magnésium est Mg · ☐ ☐[1]

C. Lors d'une liaison chimique, la règle de l'octet qui implique que l'atome lié se retrouve toujours avec 8 électrons sur sa dernière couche est toujours respectée ☐ ☐[2]

D. Dans le modèle de Lewis, on écrit : $Li^{\cdot} + :\underset{\cdot\cdot}{\ddot{Cl}}\cdot \rightarrow [\,:\underset{\cdot\cdot}{\ddot{Cl}}:\,]^- + Li^+$ ☐ ☒

E. La représentation de Lewis de la molécule de dioxyde de carbone est : $\underline{O} = C = \underline{O}$ ☐ ☐[3]

19. Liaisons ioniques et covalentes

A. Plus le nombre de charges est important , plus les cations sont gros ☐ ☐[4]

B. Dans un édifice ionique, les anions ont comme voisins immédiats des cations ☐ ☒

C. Le rayon de l'ion chlorure est environ le double de celui de l'atome de chlore ☐ ☒

D. Le sodium peut donner naissance avec l'hydrogène à une liaison covalente ☐ ☐[5]

E. Dans une liaison covalente, les atomes complètent en général leur octet en mettant en commun un ou deux ou trois doublets liants ☐ ☒

F. Une liaison covalente peut se créer entre 2 atomes dont l'un des deux n'apporte aucun électron ☐ ☒

G. L'énergie nécessaire pour détruire une liaison covalente double est plus importante que celle nécessaire pour détruire une liaison triple pour 2 atomes identiques ☐ ☐[6]

20. Géométrie des molécules

A. Un atome peut être lié à 3 autres suivant 3 géométries différentes ☐ ☒

B. La géométrie ou la figure de répulsion qui concerne une entité liée à 4 autres est un carré ☐ ☐[7]

C. SO_2 est une molécule plane en forme de V ☐ ☒

D. BCl_3 comme NH_3 a une géométrie pyramidale ☐ ☐[8]

E. XeF_4 est une molécule plane carrée ☐ ☒

F. NO_3^- a une géométrie plane en forme de triangle équilatéral ☐ ☒

1) Cette représentation est Mg:
2) C'est quelque fois impossible.
3) Noter l'absence d'un doublet non lié sur chaque atome d'oxygène.
4) C'est le contraire.
5) La liaison sera ionique.
6) Elle est plus importante pour une liaison triple.
7) C'est un tétraèdre.
8) C'est une molécule plane formant un triangle équilatéral.

21. Orbitales moléculaires

- ☒ ☐ A. Dans une orbitale moléculaire liante entre 2 atomes d'hydrogène, les 2 électrons ont une probabilité maximum de se trouver entre les 2 noyaux des atomes
- ☒ ☐ B. Il existe des orbitales moléculaires non liantes
- ☐[1] ☐ C. L'énergie totale d'une orbitale moléculaire liante est plus importante que celle d'une orbitale anti-liante
- ☒ ☐ D. Dans une orbitale moléculaire liante, les 2 électrons sont dans un meilleur état énergétique que lorsqu'ils sont isolés dans leur orbitale atomique
- ☐[2] ☐ E. Les liaisons σ sont des liaisons covalentes, les liaisons Π ne sont pas des liaisons covalentes
- ☐[3] ☐ F. L'orbitale moléculaire de type Π résulte du recouvrement axial de 2 orbitales p

22. Hybridation des orbitales

- ☒ ☐ A. Le concept d'hybridation ne doit être pris en compte que comme une modélisation et non comme une vérité intangible
- ☒ ☐ B. Une hybridation trigonale implique 3 orbitales hybrides sp^2 planes
- ☐[4] ☐ C. L'élasticité de nos muscles peut être expliquée par la présence de liaisons de type sp^2
- ☒ ☐ D. La libre rotation ne concerne que les liaisons de type sp^3
- ☐[5] ☐ E. À une triple liaison entre 2 atomes de carbone correspond une hybridation de type sp^3

23. Bilan des liaisons dans les molécules

- ☒ ☐ A. Dans la molécule N_2H_4, on trouve 5 liaisons σ
- ☐[6] ☐ B. La molécule d'acide éthanoïque comporte au total 7 liaisons σ
- ☐[7] ☐ C. La molécule de benzène comporte 12 liaisons σ et 3 liaisons Π
- ☒ ☐ D. La molécule de glycine $NH_2–CH_2–CO_2H$ est constituée à partir de 9 liaisons σ et une liaison Π
- ☒ ☐ E. Une « molécule » de chlorure d'ammonium comprend une liaison ionique entre l'anion Cl^- et le cation NH_4^+ constitué à partir de 4 liaisons covalentes N–H

1) Elle est moins importante, donc plus stable.
2) Π est également une liaison covalente.
3) Le recouvrement est latéral.
4) Ces liaisons sont de type sp^3.
5) L'hybridation est de type sp.
6) Elle comporte également une liaison Π.
7) Les 6 électrons Π sont délocalisés sur l'ensemble de la molécule.

24. Stéréochimie des molécules

A. La molécule d'acide benzoïque $C_7H_6O_2$ est plane	☐	☒
B. La molécule de xylène C_8H_{10} est plane	☐	☐ [1]
C. La molécule d'acide lactique $C_3H_6O_2$ est plane	☐	☐ [2]
D. La molécule de nitrile acrylique C_3H_3N est plane	☐	☒
E. La molécule de benzamide C_7H_7N est plane	☐	☐ [3]

25. Mésomèrie. Polarité des molécules

A. Les formes mésomères l'ozone O_3 sont $:\ddot{\underset{..}{O}}=\ddot{O}-\ddot{\underset{..}{O}}: \leftrightarrow :\ddot{\underset{..}{O}}-\ddot{O}=\ddot{\underset{..}{O}}$	☐	☒
B. Les ions NO_2^- et NO_3^- sont représentés par 3 formes mésomères	☐	☐ [4]
C. Le moment dipolaire de la molécule de HCl est-il de 1,4 D , sachant que la charge virtuelle portée par chaque atome est égale à 0,178 e et que la longueur de la liaison est de 0,127 nm ?	☐	☐ [5]
D. Les molécules CO_2, CCl_4 et BF_3 ont un moment dipolaire global nul	☐	☒
E. Les molécules NF_3, CO et SF_6 sont polaires	☐	☐ [6]

1) 2 CH_3 sont non plans.
2) 2 C sont en sp^3.
3) NH_2 n'est pas plan.
4) Deux formes mésomères pour NO_2.
5) Il est de 1,8 D.
6) SF_6 est non polaire.

17

Trois éléments possèdent la configuration électronique suivante :

1. $1s^2\ 2s^2\ 2p^6\ 3s^1$
2. $1s^2\ 2s^2\ 2p^6\ 3s^2\ 3p^3$
3. $1s^2\ 2s^2\ 2p^5$

Définir l'élément qui conduira facilement à un cation, à un anion, participera surtout à des liaisons covalentes.

18

Comparez et commentez brièvement les 2 configurations électroniques proposées pour le carbone :

1. $1s^2\ 2s^1\ 2p^3$
2. $1s^2\ 2s^2\ 2p^2$

19

On considère les liaisons chimiques résultant de :

1. la mise en commun d'électrons provenant de 2 atomes différents ;
2. la mise en commun d'un doublet électronique provenant d'un seul atome ;
3. l'attraction électrostatique entre 2 ions de signes opposés.

Laquelle correspond à : une liaison ionique, une liaison covalente de type dative et une liaison covalente classique ?

20

Préciser l'état d'hybridation des différents atomes de carbone dans l'arginine :

```
                                H
                                |
HN=Ca– NH – (CbH2)3 – Cc – CdOOH
     |                          |
    NH2                        NH2
```

$HN{=}C_a{-}NH{-}(C_bH_2)_3{-}C_c(H)(NH_2){-}C_dOOH$, avec NH_2 sur C_a

21

Préciser le nombre : le carbone d'hybridation sp peut participer à la formation de ...... liaisons σ et de ...... liaisons σ avec ...... autres atomes.

22

Pour les molécules CH_4 et C_2H_2 indiquer :

1. l'état d'hybridation du carbone dans chacune de ces molécules ;
2. les orbitales participant aux hybridations et le résultat de celles-ci ;
3. la nature des liaisons carbone-carbone ;
4. la géométrie de ces 2 molécules ;
5. le remplacement d'un atome d'hydrogène par un atome de Cl ; quelle est alors la particularité de cette liaison C–Cl ?

23

Choisir la bonne propriété : quand on classe les 3 liaisons, simple, double et triple, entre un atome de carbone et un atome d'azote, sont-elles respectivement : de plus en plus ou de moins en moins fortes ? De plus en plus ou de moins en moins courtes ? C'est-à-dire faut-il fournir de plus en plus ou de moins en moins d'énergie pour les rompre ?

24

Quelle est la nature de la liaison dans la combinaison des éléments chlore et potassium dans l'état solide ? Que devient cette liaison après dissolution dans l'eau ?

25

Quel est le résultat du recouvrement entre 2 orbitales atomiques contenant chacune 1 électron célibataire :

1. 1 s et 1 p ?
2. Recouvrement axial entre 2 p ?
3. Recouvrement latéral entre 2 p ?

26

Classer par ordre décroissant de leur rayon les ions suivants :
Mg^{2+}, F^-, K^+, S^{2-}, Al^{3+}, Ca^{2+}, Cl^-, Ti^{4+}, O^{2-}.

27

Donner la représentation de Lewis de PCl_3, PO_4^{3-} et I_3^-. Dans quel cas, la règle de l'octet n'est-elle pas respectée ?

28

1. Donner les formes mésomères de SO_2 et NO_2^-.
2. Utilise-t-on encore les formes mésomères du benzène ?

29

Définir la figure de répulsion et la forme géométrique réelle des espèces chimiques suivantes : CS_2, SO_3, NO_2^-, BH_4^-, SO_3^{2-}, ICl_3, SF_6 et XeF_4.

30

Quelles sont les molécules polaires et les molécules non-polaires : IF,CS_2, SO_2, SO_3, CCl_4, NF_3 et PCl_3 ?

31

Le moment dipolaire de la molécule H_2S est $\mu = 0{,}95$ D. La longueur de la liaison H–S est d = 0,13 nm. L'angle entre 2 liaisons H–S est d'environ 95°.

1. Calculer μ_{HS}.

2. Calculer le pourcentage d'ionicité de la liaison H–S.

17

1. conduira facilement à un cation et **3.** à un anion ; **2.** participera à des liaisons covalentes.

18

La configuration **2.** correspond à celle du carbone dans son état stable. La configuration **1.** est envisagée quand il réagit et donc correspond à un état exité instable.

19

1. Liaison covalente.

2. Liaison dative.

3. Liaison ionique.

20

a et d : hybridation sp^2 ; b et c : hybridation sp^3.

21

2 liaisons σ et 2 liaisons Π avec 2 autres atomes.

22

1. CH_4 : sp^3 ; C_2H_2 : sp.

2. 1 orbitale atomique s et 3 orbitales atomiques p donnent naissance à 4 orbitales moléculaires hybrides sp^3 ; 1 orbitale atomique s et 1 orbitale atomique p donnent naissance à 2 orbitales moléculaires hybrides sp.

3. CH_4 : 4 liaisons covalentes σ ; C_2H_2 : 2 liaisons covalentes σ et 2 liaisons covalentes Π.

4. CH_4 : tétraèdrique (le carbone est au centre d'un tétraèdre dont les 4 sommets sont occupés par un atome d'hydrogène) ; C_2H_2 : molécule linéaire.

5. Le chlore, très électronégatif, polarise la liaison C–Cl.

23

Elles sont de plus en plus fortes, de plus en plus courtes et il faut fournir de plus en plus d'énergie pour les rompre.

24

Liaison ionique entre des ions K^+ et Cl^-. Dans l'eau, elle disparaît : K^+_{aq} et Cl^-_{aq} sont libres.

25

1. Une orbitale moléculaire $\sigma_{s-p.}$
2. Une orbitale moléculaire $\sigma_{p-p.}$
3. Une orbitale moléculaire Π.

Remarque : on n'a pas pris en compte les orbitales anti-liantes.

26

S^{2-}, O^{2-}, Cl^-, F^-, K^+, Ca^{2+}, Mg^{2+}, Al^{3+} et Ti^{4+}

27

PCl_3 :

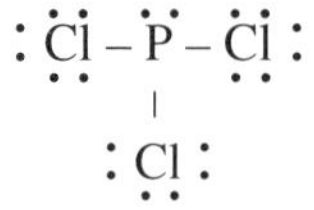

2 points peuvent être représentés par un tiret.

PO_4^{3-} :

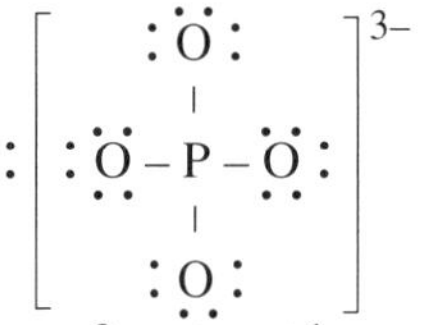

La charge 3- est portée par l'ensemble des atomes.

I_3^- :

La règle de l'octet n'est pas respectée pour l'atome d'iode central.

28

1. SO_2 :

NO_2^- :

2. Non, on considère que les 6 électrons des 6 orbitales p se recouvrent latéralement et globalement, pour constituer non pas 3 orbitales moléculaires Π mais un nuage électronique réparti de chaque côté du plan formé par la molécule. On dit que les 6 électrons sont délocalisés sur l'ensemble du cycle ; on les représente par un cercle O à l'intérieur du cycle constitué par les 6 atomes de carbone.

29

	figure de répulsion	forme géométrique
CS_2 :	linéaire	linéaire
SO_3 :	triangle équilatéral	triangle équilatéral
NO_2^- :	triangle équilatéral	forme en V
BH_4^- :	tétraèdre	tétraèdre
SO_3^{2-} :	tétraèdre	pyramide trigonale
ICl_3 :	bipyramide trigonale	forme en T
SF_6 :	octaèdre	octaèdre
XeF_4 :	octaèdre	carré

30

Molécules polaires : IF, NF_3, SO_2, PCl_3
Molécules non-polaires : CCl_4, CS_2, SO_3

31

1. $\mu_{H2S} = 2\,\mu_{HS} \cdot \cos(95/2)$; $\mu_{HS} = 0{,}7$ D (1 D = 1 Debye = $3{,}336.10^{-30}$ C.m). Remarque : de fait, les moments dipolaires sont des grandeurs vectorielles.

2. % ionicité = (0,7 . 100) / (4,8 . 1,3) = 11 % (une liaison de longueur 0,1 nm purement ionique à 100 % a pour moment dipolaire $\mu = 4{,}8$ D).

4.

États gazeux, liquide et solide

26. États de la matière

A. Le passage de l'état solide à l'état gazeux est une vaporisation ☐ ☐
B. Le passage de l'état gazeux à l'état liquide est une condensation ☐ ☒
C. Le passage de l'état gazeux à l'état solide est une solidification ☐ ☐
D. Lors d'une transformation allotropique, l'espèce chimique reste dans le même état physique ☐ ☒
E. À l'état amorphe d'un solide correspond une structure désordonnée ☐ ☒

27. État gazeux

A. Les grosses molécules sont en général à l'état gazeux dans les conditions de vie sur la Terre ☐ ☐
B. Dans l'air dans lequel nous vivons, le volume occupé par les molécules est négligeable devant le volume total ☐ ☒
C. Dans l'air, la vitesse des molécules est de l'ordre de 5m/s ☐ ☐
D. Le libre parcours moyen définit la distance entre 2 chocs qui sont de l'ordre de 10^{10} chocs par seconde dans l'air dans les conditions normales ☐ ☒
E. L'énergie cinétique moyenne des molécules d'un gaz est : $\overline{E} = 2/3\ kT$ ☐ ☐

28. Pression et température d'un gaz

A. La pression P d'un gaz est la force qu'il exerce par unité de surface ☐ ☒
B. La pression s'exprime en pascals Pa avec 1 Pa = 1 N/m ☐ ☐
C. 1 atm = 1 bar ☐ ☐
D. 1 torr est équivalent à la pression exercée par une colonne de mercure d'une hauteur de 1 mm ☐ ☒
E. Dans les relations physiques, on exprime la température d'un gaz en °C ☐ ☐
F. θ °C = 273,15 + T ☐ ☐

1) C'est une sublimation.
2) C'est une déposition.
3) Il s'agit des petites molécules.
4) 500 m/s.
5) 3/2 kT.
6) 1 Pa = 1 N/m^2.
7) 1 atm = 1,013 bars.
8) en kelvins K.
9) T = 273,15 + θ° C.

29. Lois macroscopiques

- ☒ ☐ A. Dans les mêmes conditions de température et de pression, le volume V d'une mole de gaz considéré comme gaz parfait est identique quelle que soit l'espèce chimique
- ☐[1] ☐ B. Dans les conditions standard : 298 K et 1 atm, le volume V_0 d'une mole de gaz est de 22,4 L
- ☐[2] ☐ C. À pression constante, le volume d'un gaz est inversement proportionnel à la température en kelvins
- ☒ ☐ D. L'équation d'état du gaz parfait ne s'applique plus dans certaines conditions limites, pression très élevée par exemple. On utilise alors d'autres équations relatives aux gaz réels
- ☒ ☐ E. On peut écrire : (PV)/T = cst pour un gaz parfait

30. Applications de l'équation d'état du gaz parfait

- ☐[3] ☐ A. La pression de 10 g d'oxygène contenu dans un récipient de 10 L à 30 °C est de 1,57 bars
- ☒ ☐ B. Le volume occupé par 0,1 mole d'ammoniac à 20 °C et 1 atm est de 2,4 L
- ☐[4] ☐ C. Le nombre de moles d'air présent dans un poumon de 1,05 L sous une pression de 740 torrs est de 4.10^{-4}
- ☒ ☐ D. Le nombre de moles d'air présents dans une pièce de 60 m^3 à 22 °C et 750 mm Hg est de 2 248
- ☒ ☐ E. Dans un aérosol, la pression d'un gaz est de 1,5 atm à 25 °C, elle est de 3,6 atm à 450 °C
- ☒ ☐ F. Dans les conditions normales, 3 g d'hydrogène sont refroidis à – 60 °C à pression constante, la variation de volume du gaz est de – 7,4 L

31. Masse volumique

- ☒ ☐ A. La masse volumique du tétrachlorure de carbone gazeux à 398 K et sous une pression de 714 mm Hg est de 4,43 g/L
- ☐[5] ☐ B. La masse volumique de SO_3 à 35 °C et 0,96 atm est de 0,26 g/L
- ☐[6] ☐ C. La masse molaire de 4,4 g d'un gaz qui occupe un volume de 3 500 mL à 41 °C et 560 torrs est de 6 g/L
- ☒ ☐ D. Dans les conditions normales, la masse volumique d'un gaz est de 1,45 g/L, elle est de 1,3 g/L à 27 °C et 750 torrs

1) Les conditions normales sont 273 K et 1 atm.
2) Proportionnel.
3) Elle est de 0,79 bar.
4) Il est de 4.10^{-2} mole.
5) Elle est de 3 g/L.
6) Elle est de 44 g/mol.

32. Pressions partielles

A. Dans les conditions normales, la pression partielle de l'oxygène dans l'air est égale à sa pression si ce gaz occupait seul l'espace considéré ☐ ☒

B. Un mélange contient 6 g d'oxygène et 9 g de méthane ; il occupe un volume de 15 L à 0 °C. Les valeurs des pressions partielles sont $p_{O_2} = 0{,}562$ atm et $p_{CH_4} = 0{,}841$ atm ☐ ☐

C. L'air alvéolaire sec contient 80 % de N_2, 15 % de O_2 et 5 % de CO_2 dans les conditions normales. Mais, dans la réalité, il contient de la vapeur d'eau dont la pression partielle est de 47 mm Hg. Les pressions partielles des constituants de l'air sont alors $p_{N_2} = 570$ mm Hg ; $p_{O_2} = 107$ mm Hg et $p_{CO_2} = 35{,}65$ mm Hg ☐ ☒

D. La pression totale d'un mélange gazeux contenant 2 g de H_2 et 8 g de N_2 à 0 °C dans un récipient de 10 L est de 5,75 atm ☐ ☐

E. On considère un mélange réactionnel comprenant de l'azote, de l'hydrogène et de l'ammoniac. Soit N le nombre total de moles et P la pression totale, on peut écrire : $N/P = n_{N_2}/p_{H_2} = n_{H_2}/p_{H_2} = n_{NH_3}/p_{NH_3}$ ☐ ☒

F. Un mélange réactionnel contient 3,5 g de N_2, 2,15 g de H_2 et 5,27 g de NH_3 sous une pression totale de 2,5 atm. Les pressions partielles sont : $p_{N_2} = 0{,}208$ atm, $p_{H_2} = 1{,}78$ atm et $p_{NH_3} = 0{,}515$ atm ☐ ☒

33. Liaisons intermoléculaires

A. L'interaction intermoléculaire dite de Keeson est une interaction entre 2 dipôles permanents présents dans les 2 molécules ☐ ☒

B. Des interactions dites forces de Debye se créent entre 2 dipôles instantanés ☐ ☐

C. La liaison hydrogène résulte de l'interaction entre 2 dipôles permanents ☐ ☒

D. La présence de liaisons hydrogènes entre des molécules d'un corps pur implique que les températures de fusion et d'ébullition du corps pur sont plus basses qu'en absence de liaisons hydrogènes ☐ ☐

E. La liaison hydrogène qui lie 2 chaînes de DNA dans une configuration hélicoïdale est H–N ··· O–H ☐ ☐

F. Deux molécules d'acide éthanoïque peuvent constituer un dimère par la formation de 2 liaisons hydrogènes du type =O ··· H–O– ☐ ☒

1) $p_{O_2} = 0{,}281$ atm.
2) 2,86 atm.
3) Ce sont celles dites forces de London.
4) Ces températures sont plus élevées.
5) La liaison est –N–H ··· O = C.

34. Les solutions. Définitions

☒ ☐ A. Le soluté est le corps que l'on dissout dans un solvant

☐[1] ☐ B. Toutes les solutions sont des solutions aqueuses

☒ ☐ C. Une normalité peut s'exprimer en moles de l'espèce réagissante et également en nombre de milliéquivalents de soluté par le nombre de litres de solution (en mol de.../L ou Eq /L)

☐[2] ☐ D. Soit C la concentration molaire volumique et V le volume de la solution, on peut toujours écrire : $C_AV_A = C_BV_B$ pour 2 solutions A et B

☐[3] ☐ E. La molalité m définit le nombre de moles de soluté par le nombre de litres de solution

☒ ☐ F. Soit n le nombre de moles, la fraction molaire d'un constituant i est $x_i = n_i / \Sigma n_i$ avec $\Sigma x_i = 1$

35. État solide

☒ ☐ A. La courbe d'analyse thermique (θ°C = f(temps)) des solides cristallisés présente un palier horizontal

☒ ☐ B. Les solides à l'état amorphe ont une structure à l'état solide équivalente à celle de leur état liquide

☐[4] ☐ C. On utilise les rayons γ en cristallographie

☐[5] ☐ D. Il y a 5 systèmes cristallins

☒ ☐ E. Aux différents systèmes cristallins correspondent 14 dispositions différentes des atomes, ions...

☒ ☐ F. Pour définir un réseau, on définit sa maille qui permet de retrouver l'ensemble du réseau par simple translation dans 3 directions définies dans l'espace

36. Le système cubique

☒ ☐ A. Certains métaux peuvent cristalliser dans 2 réseaux différents

☐[6] ☐ B. Dans la maille cubique simple, le nombre de plus proches voisins ou coordinence c est de 4

☐[7] ☐ C. Dans une maille cubique centrée d'arête a , la distance d entre les centres de 2 atomes qui se touchent est donnée par la relation : $d = (a\sqrt{2})/2$

☐[8] ☐ D. Au volume d'une maille cubique faces centrées, correspond le volume occupé par 2 atomes

☒ ☐ E. La coordinence dans la maille cubique faces centrées est de 12

☐[9] ☐ F. À la maille cubique faces centrées, correspond exclusivement la plus grande compacité qui existe dans la nature

1) Non, uniquement si le solvant est l'eau.
2) Non, relation toujours vérifiée pour les normalités : $N_AV_A = N_BV_B$.
3) Non, c'est la molarité M exprimée en mol/l, la molalité m s'exprime en mol/kg.
4) On utilise les rayons X.
5) Il en existe 7.
6) c = 6.
7) $d = (a\sqrt{3})/2$.
8) 4 atomes.
9) À la maille hexagonale également.

37. Les cristaux ioniques

A. Le nombre de plus proches voisins ou coordinence d'un ion dans le chlorure de sodium dont la maille est cubique faces centrées est de 6 ☐ ☒

B. La maille du chlorure de césium d'arête a est cubique centrée ; il est donc possible d'écrire : $r_{Cl^-} + r_{Cs^+} = (a\sqrt{3})/2$ ☐ ☒

C. Dans le fluorure de calcium, le nombre de plus proches voisins des ions F^- et Ca^{++} est de 8 ☐ ☐

D. Plus la valeur du rapport r_{anion} / r_{cation} est grande, plus le solide ionique est compact ☐ ☐[2]

E. La détermination de la masse volumique de CsCl ρ =3 970 kg/m^3 permet d'accéder à la valeur de l'arête a = 0,431 nm ☐ ☒

38. Les composés solides

A. La cohésion des solides moléculaires est assurée par des liaisons intermoléculaires de type Van der Waals ☐ ☒

B. Dans la glace, un atome d'hydrogène et d'oxygène ont 2 voisins ☐ ☐[3]

C. Dans le graphite, tous les atomes de carbone sont dans une hybridation sp^2 ☐ ☐[4]

D. Les solides ioniques sont des isolants ☐ ☒

E. La théorie des bandes appliquée à la liaison métallique implique un regroupement de tous les électrons des atomes d'une même orbitale atomique ☐ ☒

F. Un acier Fe–C est un alliage de substitution ☐ ☐[5]

39. Solutions. Applications

A. Il y a 0,04 mole de soluté dans 50 mL d'une solution 0,25 M ☐ ☐[6]

B. Il faut 15,2 g de $FeSO_4$,7 H_2O pour préparer 1 L d'une solution 0,1 M de sulfate ferreux ☐ ☐[7]

C. La molalité d'une solution d'acide nitrique du commerce est de 56 mol/kg, sachant qu'elle contient 78 % d'acide nitrique pur et que sa densité est de 1,45 ☐ ☒

D. Il faut 5,5 mL d'acide sulfurique à 96 % en masse et de densité 1,84 pour préparer 1 L de solution 0,1 N ☐ ☐[8]

E. Il faut ajouter 1 050 mL d'eau à 200 mL d'une solution d'acide nitrique 0,5 M pour obtenir une solution 0,08 M ☐ ☒

1) 4 pour F^-.
2) C'est le contraire.
3) 4 pour O.
4) Seuls les 3 C constituant du plan sont en sp^2.
5) C'est un alliage d'insertion.
6) Il y en a 0,0125 mol.
7) Il en faut 37,8 g.
8) Il en faut 2,75 mL.

40. Solubilité

[ ][1] [ ] A. La solubilité d'un gaz diminue toujours avec la température du solvant
[x] [ ] B. L'alcool éthylique est très soluble dans l'eau car ces 2 molécules peuvent constituer entre elles des liaisons hydrogènes
[x] [ ] C. Les solutions électrolytiques contiennent des ions
[x] [ ] D. Plus la valeur de l'énergie réticulaire d'un solide ionique est proche de l'énergie d'hydratation, plus la solubilité du solide est grande
[ ][2] [ ] E. L'ion hydronium H_3O^+ ne subit pas le phénomène de solvatation
[x] [ ] F. La nature polaire de la molécule d'eau est à l'origine du phénomène de solvatation

41. La pression osmotique

[ ][3] [ ] A. Une solution de glucose 0,31 M est isotonique du sang, sa pression osmotique est de 768 Pa à 25 °C
[ ][4] [ ] B. Une solution 0,1 M de chlorure de sodium a une pression osmotique de 2,44 atm à 25 °C
[x] [ ] C. La mesure de la pression osmotique permet la détermination de la masse molaire du soluté
[x] [ ] D. Un globule rouge éclate dans l'eau pure
[x] [ ] E. La désalinisation de l'eau de mer peut être envisagée en exerçant une pression supérieure à la pression osmotique sur la solution séparée du solvant pur par une membrane semi-perméable

42. Les complexes

[x] [ ] A. La formation d'ions complexes résulte très souvent d'une réaction d'élimination d'ions qui réagissent avec des ligands pour constituer une nouvelle entité chimique
[ ][5] [ ] B. L'ion $[Fe(CN)_6]^{3-}$ est plus stable que l'ion $[Fe(CN)_6]^{4-}$
[ ][6] [ ] C. L'ion Ni^{2+} donne naissance à l'ion $[Ni(CN)_6]^{4-}$
[x] [ ] D. La figure géométrique représentant l'ion complexe qui se constitue entre l'ion Co^{3+} et la molécule NH_3 est un octaèdre
[ ][7] [ ] E. Les liaisons entre l'ion de l'atome central et les ligands sont toujours de nature covalente dans un ion complexe
[x] [ ] F. La molécule complexe formée entre un atome de fer et des molécules de monoxyde de carbone a pour formule $Fe(CO)_5$
[x] [ ] G. Dans la molécule d'hémoglobine, l'ion fer qui n'est pas saturé du point de vue de ses liaisons permet la fixation de l'oxygène pour constituer l'oxyhémoglobine
[x] [ ] H. En présence de monoxyde de carbone, l'oxygène se fixe difficilement sur l'ion fer car la compétition avec le monoxyde de carbone lui est défavorable

1) Non, dans certains cas, elle peut augmenter.
2) H_3O^+ est hydraté comme tous les ions.
3) $\Pi = 7,7$ atm.
4) $\Pi = 4,89$ atm.
5) C'est le contraire.
6) Il donne naissance à $[Ni(CN)_4]^{2-}$.
7) Certaines sont ioniques.

32

Un ballon rempli d'hélium a un volume de 0,223 L à 24 °C dans une pièce chauffée de la maison ; on le sort à l'extérieur à –13 °C. Quel est son nouveau volume ?

33

Un spray contient un gaz à une pression de 2 atm à 27 °C. Il peut résister jusqu'à 4 atm. Quelle température ne faut-il pas dépasser ?

34

En hiver, une personne inhale 525 mL d'air froid à –15 °C. La pression atmosphérique est de 745 mmHg. Quel volume occupe cet air dans le poumon à 37 °C sous une pression légèrement supérieure de 750 mmHg ?

35

Quel volume occupent 73 g d'ozone à 65 °C sous une pression de 750 mmHg ?

36

4,25 g de fréon sont vaporisés et occupent un volume de 1,2 L à 50 °C sous une pression de 0,69 atm. Quelle est la masse molaire du fréon ?

37

Calculer la masse volumique du monoxyde de carbone à 37 °C sous une pression de 740 mmHg.

38

Quelles sont les pressions partielles de l'azote et l'oxygène dans de l'air récolté au-dessus d'une cuve à eau à 20 °C ? La pression barométrique est de 750 mmHg et la pression de vapeur saturante de l'eau à 20 °C est de 18 mmHg.

39

À une température T, on introduit 0,1 mole de PCl_5 pour étudier sa décomposition en PCl_3 et Cl_2 dans un cylindre fermé par un piston mobile dans lequel on a fait initialement le vide à une pression égale à la pression extérieure P = 750 mmHg. On chauffe à 200 °C et on constate que le volume total du mélange gazeux est de 6 L. Calculer, à l'état final, le nombre de moles de PCl_5, PCl_3 et Cl_2.

40

On considère de l'argon liquéfié. Quel type d'interactions entre les atomes permet d'envisager un état solide et liquide ? Que peut-on dire des températures de fusion et d'ébullition ?

41

Expliquer pourquoi les acides carboxyliques peuvent exister sous forme de dimères.

42

Sous une pression de 1 atm, H_2O bout à 100 °C et H_2S à – 60 °C ; pourquoi cette différence ?

43

Sous une pression de 1 atm, la température d'ébullition du butane normal est de 0 °C alors que celle de l'acétone est de 56 °C ; pourquoi cette différence ?

44

Représenter la liaison « hydrogène » qui lie 2 liaisons peptidiques entre 2 chaînes de DNA dans sa configuration hélicoïdale.

45

Le lactose $C_{12}H_{22}O_{11}$ est présent dans le lait de nombreux mammifères. Combien de grammes de lactose doit-on ajouter à 250 mL d'eau pour préparer une solution à 5 % ?

46

Combien de grammes d'acide ascorbique (vitamine C) $C_6H_8O_6$ sont présents dans 500 mL d'une solution 0,4 M ?

47

Quelle est la molalité d'une solution constituée à partir de 2,5 L d'eau et 25 g de glucose ?

48

L'acide citrique $C_6H_8O_7$ est présent dans le citron. Quelle masse en g d'acide citrique trouve-t-on dans 250 mL de solution 0,6 M ?

49

Quel pourcentage de crème contient du lait sachant qu'un litre de ce lait pèse 1 032 g, qu'après écrémage, un litre pèse 1 039 g et qu'un litre de crème pèse 865 g ?

50

Quelle est la molarité des solutions suivantes ?

1. 6 moles de NaOH dans 8 L de solution

2. 0,5 mole de KCl dans 250 mL de solution

51

Calculer la molarité et la molalité d'une solution commerciale de HCl de densité 1,19 et contenant 37 % de HCl en masse.

52

Comment prépare-t-on 100 mL d'une solution de Ni^{2+} à 0,01 mol/L à partir d'une solution de nitrate de nickel à 12 g/L ?

53

Quel volume v d'une solution commerciale de H_2SO_4 de masse volumique 1,84 g/L à 96 % en masse faut-il pour préparer 2 L de solution N / 10 ?

54

Calculer la fraction molaire de l'eau et de la glycérine d'une solution contenant 100 g d'eau et 100 g de glycérine $C_3H_5(OH)_3$.

55

Quel volume de solution 0,1234 N faut-il pour préparer 1 L d'une solution 0,0912 N ?

56

Comment prépare-t-on 1 L de solution qui titre : 0,1 M en KBr, M en NaBr et 0,02 M en NaCl ?

57

Quels volumes respectifs V_1 et V_2 de solutions 0,5 N et 0,1 N d'un acide faut-il pour préparer 2 L de solution 0,02 N ?

58

Calculer la concentration molaire de l'oxygène dans l'eau de nos rivières, lacs et dans la mer à 20 °C ($\alpha_{O_2} = 1{,}38.10^{-3}$ mol / L.atm).

59

Calculer la concentration molaire du dioxyde de carbone dans une boisson à 25 °C, sachant que la pression de ce gaz au-dessus de la solution est de 2 atm ($\alpha_{O_2} = 3{,}1.10^{-2}$ mol / L.atm).

60

Calculer la pression de vapeur saturante d'une solution aqueuse de glycerine à 25 °C, sachant que la solution est constituée de 500 mL d'eau et de 50 mL de glycérine [ρ(glycérine) = 1,26 g / mL ; p(eau pure) = 23,8 mmHg à 25 °C].

61

Une solution à 0,15 mol / L de chlorure de sodium est isotonique avec le plasma à 37 °C. Calculer cette pression osmotique.

62

Calculer la molarité d'une solution d'un composé organique non électrolytique dont la pression osmotique est de 2,12 atm à 25 °C.

63

Définir la nature des solides suivants : chlorure de sodium, iode, dioxyde de carbone, fer, diamant, fer carbonyle, plomb et le carbone graphite.

64

L'or cristallise dans le réseau cubique à faces centrées (CFC). L'arête de la maille est $a = 4{,}07.10^{-10}$ m.

1. Calculer la distance d entre 2 atomes voisins.
2. Calculer le nombre de plus proches voisins d'un atome.
3. Calculer la masse volumique de l'or.

65

Le fer peut cristalliser dans le réseau CC (Fe_α) et dans le réseau CFC (Fe_γ).

1. Calculer la masse volumique du Fe_γ, sachant que $\rho = 7{,}87$ g/cm^3 pour le Fe_α.
2. Calculer le rayon R maximal des atomes pouvant s'insérer dans les réseaux du Fe_α et du Fe_γ sans les déformer en fonction de l'arête a de la maille et du rayon r d'un atome de fer. Préciser la nature des alliages ainsi constitués.

66

Quelle est la formule chimique du titanate de calcium (ou perowskite), sachant que cette espèce chimique cristallise dans le système cubique et que l'on trouve les ions :

- Ca^{2+} aux sommets du cube
- Ti^{4+} au centre du cube
- O^{2-} aux centres de chacune des faces du cube

67

On considère les solides ioniques suivants : NaBr, KBr, KF, CsBr et AgCl.
Quels sont ceux qui cristallisent dans le type CsCl et ceux qui cristallisent dans le type NaCl ?
Les rayons ioniques r^+ des cations et r^- des anions sont :
- Na^+ : 0,097 nm ; K^+ : 0,133 nm ; Cs^+ : 0,168 nm ., Ag^+ : 0,126 nm
- Cl^- : 0,181 nm ; Br^- : 0,196 nm ; F^- : 0,133 nm

68

1. Le fluorure de lithium cristallise dans le système cubique. Le réseau est-il du type CsCl ou NaCl, sachant que l'arête de la maille est a = 0,402 nm et que r_{F^-} = 0,133 nm ?
2. Calculer sa masse volumique.

69

Le zinc forme avec l'ammoniac l'ion complexe $Zn(NH_3)_n^{2+}$. Préciser :
1. la valeur de n (pourquoi ?) ;
2. la nature des liaisons ;
3. sa forme géométrique.

70

On considère les 3 ions complexes suivants : $Fe(CN)_6^{4-}$, $Co(NH_3)_6^{3+}$ et $Ni(CN)_4^{2-}$. Préciser pour chacun d'eux le type d'hybridation que l'on peut envisager, s'il est totalement diamagnétique et sa forme géométrique.

32

À pression constante : $V_f = V_i \cdot (T_F / T_i)$; $V_f = 0{,}223 \cdot (260 / 297) = 0{,}195$ L.

33

À volume constant : $T_f = T_i \cdot (P_f / P_i)$; $T_f = 300 \cdot (4 / 2) = 600$ K, soit 327 °C.

34

$(P_i V_i) / T_i = (P_f V_f) / T_f$; $V_f = (P_i V_i T_f) / (P_f T_i)$
$V_f = (745 \cdot 0{,}525 \cdot 310) / (750 \cdot 258) = 0{,}627$ L, soit 627 mL

35

$M(O_3) = 48$ g.mol^{-1} ; n = 73 / 48 = 1,52 mol
$PV = nRT$; $V = (nRT)/P$; V = (1,52 . 0,082 . 338) / (750 / 760) = 42,7 L

36

$PV = nRT$; $n = m/M$; $PV = (m/M)RT$
$M = (mRT)/(PV)$; M = (4,25 . 0,082 . 323) / (0,69 . 1,2) = 137 g.mol^{-1}.

37

M(CO) = 28 g. mol^{-1} ; $\rho = m/V$; $PV = nRT$; $\rho = (PM)/(RT)$
ρ = (740 . 28) / (760 . 0,082 . 310) = 1,07 g/L

38

$P_t = P_{air} + p_{H_2O}$, P_{air} = 750 – 18 = 732 mmHg
$(p_i / v_i) = (P / V)$ avec pour V = 1, v_i est le pourcentage en volume.
p_{O_2} = 0,21 . 732 = 154 mmHg ; p_{N_2} = 0,79 . 732 = 578 mmHg
On vérifie que $P_{air} = p_{O_2} + p_{N_2}$ = 154 + 578 = 732 mmHg.

39

	PCl_5	$\leftrightarrow$	PCl_3	+	Cl_2
t_i	0,1		0		0
t_f	0,1 – x		x		x

$PV_i = n_i RT$; V_i = (0,1 . 0,082. 473) / (750 / 760) = 3,93 L
n_f = 0,1 + x ; n_f = (750 . 6) / (760 . 0,082 . 473) = 0,153 mol ; x = 0,053
n_{PCl_5} = 0,047 mol, $n_{PCl_3} = n_{Cl_2}$ = 0,053 mol

40

Il s'agit des liaisons de Van der Waals : interactions de London (dipôle instantané – dipôle instantané) ; les points de fusion et d'ébullition sont très bas car les liaisons sont très faibles.

41

C'est la possibilité de former 2 liaisons « hydrogènes » entre les groupements carboxyles COOH : –C = O ··· H–O–C– qui lient les 2 molécules.

42

O est très électronégatif alors que S l'est peu. En conséquence, les molécules de H_2O se lient entre elles par des liaisons « hydrogènes » fortes, –O ··· H–O–, qui sont difficiles à détruire impliquant une température d'ébullition élevée. En revanche, entre les molécules de H_2S, les liaisons « hydrogènes », –S ··· H–S–, sont faibles, donc faciles à détruire.

43

Le butane normal $CH_3–CH_2–CH_2–CH_3$ ne possède pas de liaisons véritablement polaires car C et H ont une électronégativité très proche alors que l'acétone $CH_3–CO–CH_3$ présente une liaison C = O très polarisée. En conséquence, des molécules d'acétone pourront se lier par des liaisons de Van der Waals : interactions de Keesom (dipôle permanent - dipôle permanent) relativement plus fortes que les liaisons intervenant pour le butane normal impliquant donc un point d'ébullition plus élevé pour l'acétone.

44

```
       |              |
H – N              C = O
       |              |
      C = O ··· H – N
       |              |
```

45

Pour 100 g de solution, on doit avoir 95 g d'eau et 5 g de lactose. Aux 250 mL ou g d'eau, on ajoute : 250 . (5 / 95) = 13,2 g de lactose.

46

$M(C_6H_8O_6) = 176\ g.mol^{-1}$; dans 1 000 mL 0,4 M, il y a : 176 . 0,4 = 70,4 g ; dans 500mL : 70,4 / 2 = 35,2 g.

47

$M(C_6H_{12}O_6) = 180\ g.mol^{-1}$; n = 25 / 180

m = n / masse de solvant, soit m = (25 / 180) / 2,5 = $5{,}55.10^{-2}\ mol.kg^{-1}$

48

$M(C_6H_8O_7) = 192\ g.mol^{-1}$; m = 0,250 . 0,6 . 192 = 28,8 g.

49

% de crème = [(1 039 – 1 032) . 100] / (1 039 – 865) = 4.

50

M = n / V

1. M = 6 / 8 = 0,75 $mol.L^{-1}$
2. M = 0,5 / 0,250 = 2 $mol.L^{-1}$

51

M(HCl) = 36,5 $g.mol^{-1}$, masse en g de HCl dans 1 L : 1,19 . (37 / 100)

Pour 1 L, M = n = (1,19 . 0,37) / 36,5 = 12 $mol.L^{-1}$

Masse d'eau = 1190 – (1,19 . 0,37) = 749,7 g

m = 12 / 0,7497 = 16 $mol.kg^{-1}$

52

$M(Ni(NO_3)_2) = 186\ g.mol^{-1}$; titre en $mol.L^{-1}$: $12 / 186 = 0{,}066\ mol.L^{-1}$
Soit v le volume en ml de solution de nitrate d'argent nécessaire :
v . 0,066 = 0,01 . 100.
v = 18,3 mL
Pour préparer cette solution, on utilise une fiole jaugée de 100 mL ; on y verse un peu d'eau puis les 18,3 mL de la solution de $Ni(NO_3)_2$ et on complète à 100 mL avec l'eau.

53

$M(H_2SO_4) = 98\ g.mol^{-1}$. À une solution 0,1 N de H_2SO_4 correspond une solution 0,05 M.
Masse d'acide pur pour obtenir 2 L de solution 0,05 M : 2 . 0,05. 98 = 9,8 g.
Dans 1 mL, il y a : 1,84 . (96 / 100) = 1,77 g ; il faut donc un volume v = 9,8 / 1,77 = 5,53 mL.
(Attention, mettre initialement de l'eau puis l'acide et compléter avec l'eau ensuite).

54

n(eau) = 100 / 18 = 5,55 moles
M(glycérine) = 92 $g.mol^{-1}$; n(glycérine) = 100 / 92 = 1,09 moles
x(eau) = n(eau) / [n(eau) + n(glycérine)] = 5,55 / (5,55 + 1,09) = 0,84
x(glycérine) = n(glycérine) / [n(eau) + n(glycérine)] = 1,09 / (5,55 + 1,09) = 0,16
On vérifie bien que : x(eau) + x(glycérine) = 1.

55

1 . 0,0912 = v . 0,1234, soit v = 0,739 L.

56

La solution comprendra les ions K^+, Na^+, Br^- et Cl^-. On prend au départ les 2 sels qui sont minoritaires, c'est-à-dire : KBr et NaCl.
M(KBr) = 119 $g.mol^{-1}$, soit 11,9 g pour 0,1 M
M(NaCl) = 58,5 $g.mol^{-1}$, soit 58,5 . 0,02 = 1,17 g pour 0,02 M
M(NaBr) = 102,9 g $.mol^{-1}$; pour titrer M en NaBr, il faut ajouter : (1 – 0,02) = 0,98 mole de NaBr, car la solution titre déjà 0,02 M en NaBr avec l'introduction de KBr et NaCl
Soit : 0,98 . 102,9 = 100,8 g de NaBr.

57

$0{,}2 . 2 = (0{,}5 . V_1) + (0{,}1 . V_2)$
$V_1 + V_2 = 2$
$V_1 = 0{,}5$ L et $V_2 = 1{,}5$ L

58

Dans l'air, $p(O_2) = 0{,}21$ atm ; $[O_2] = 1{,}38.10^{-3} . 0{,}21 = 2{,}9.10^{-4}$ mol.L^{-1}.

59

$[CO_2] = 3{,}1.10^{-2} . 2 = 6{,}2.10^{-2}$ mol/L.

60

n(eau) = 500 / 18 = 27,778 moles
M(glycerine) = 92 g.mol^{-1} ; n(glycérine) = (50 . 1,26) / 92 = 0,685 mole
x(eau) = n(eau) / [n(eau) + n(glycérine)] = 0,986
p(solution) = p(eau) . x(eau) = 23,8 . 0,986 = 23,5 mmHg

61

Π V = n R T ; n / V = 0,3 mol / L ($NaCl_s \rightarrow Na^+ + Cl^-$, soit 2 entités indépendantes dans la solution : n = 2 . 0,15)
Π = 0,3 . 0,082 . 310 = 7,6 atm

62

n / V = M ; Π = M R T ; M = Π / R T = 2,12 / (0,082 . 298) = $8{,}7.10^{-2}$ mol.L^{-1}.

63

Métaux : fer, plomb (liaisons métalliques).
Solide ionique : chlorure de sodium (liaisons ioniques).
Solide covalent : le carbone sous sa forme diamant (toutes les liaisons sont covalentes : hybridation sp^3) et le carbone graphite (une des 4 liaisons n'est pas une liaison covalente : électrons délocalisés entre 2 plans d'atomes de carbone en sp^2).
Solides moléculaires : iode et dioxyde de carbone (liaisons de Van der Waals).
Complexe à l'état solide : fer carbonyle $Fe(CO)_5$.

64

1. $d = a\sqrt{3} / 2 = 2{,}88.10^{-10}$ m.
2. Le nombre de plus proches voisins ou coordinence c = 12.
3. Le volume d'une maille a^3 représente le volume occupé par 4 atomes :
M(or) = 197 g.mol^{-1} ; ρ = M / V
$\rho = (4 . 197) / [(4{,}07.10^{-8})^3 . 6{,}02.10^{23}] = 19{,}4$ g/cm^3

65

1. Fe_α : le volume a^3 de la maille CC correspond au volume de 2 atomes ; $\rho = M / V$.
$a^3 = M / (\rho . N .2)$; $a^3 = 55,8 / (7,87 . 6,02.10^{23} . 2)$; $a = 2,86.10^{-8}$ cm
$a\sqrt{3} = 4$ r (r : rayon de l'atome de fer) ; $r = 1,24.10^{-8}$ cm
Fe_γ: la maille CFC de volume a^3 correspond au volume occupé par 4 atomes :
$a = 4 r / \sqrt{2} = 3,5.10^{-8}$ cm ; $\rho = (4 . 55,8) / [(3,5.10^{-8})^3 . 6,02.10^{23}] = 8,65$ g/cm^3

2. Fe_α : $2 r + 2 R = a\sqrt{2}$; $R = [((2,86 .1,414) - (2. 1,24)) .10^{-8}] / 2 = 0,78.10^{-8}$ cm
Fe_γ: $2 r + 2 R = a$; $R = [3,5 - (2 . 1,24)].10^{-8} = 1,02.10^{-8}$ cm
Ce sont des alliages d'insertion (exemple : les aciers fer-carbone).

66

Ca^{2+} : 1 . 1 /8 = 1 ion par maille
Ti^{4+} : 1 ion par maille
0^{2-} : 6 . 1 / 2 = 3 ions par maille
Sa formule est : $CaTiO_3$.

67

Le rapport r^+ / r^- définit le type de cristallisation :
- $r^+ / r^- > 0,7 3$: type CsCl (coordinence 8)
- $0,73 > r^+ / r^- > 0,41$: type NaCl (coordinence 6)
En conséquence :
- NaBr : $r^+ / r^- = 0,097 / 0,196 = 0,49$: type NaCl
- KBr : $r^+ / r^- = 0,133 / 0,196 = 0,68$: type NaCl
- CsBr : $r^+ / r^- = 0,168 / 0,196 = 0,86$: type CsCl
- AgCl : $r^+ / r^- = 0,126 / 0,181 = 0,70$: type NaCl
- KF : $r^+ / r^- = 0,133 / 0,133 = 1$: type CsCl

68

1. $a = 2 (r^+ + r^-)$; $r^+ = [0,402 - (2 . 0,133)] / 2 = 0,068$ nm
$r^+ / r^- = 0,068 / 0,133 = 0,51$: le réseau est de type NaCl (voir exercice précédent).

2. La maille contient 4 ions Li^+ et 4 ions F^-. $\rho = M / V$ ($M = 25,4$ g.mol^{-1})
$\rho = (4 .25,4) / [(4,02 .10^{-8})^3 . 6,02.10^{23}] = 2,60$ g/cm^3.

69

1. Zn : Z = 30; la configuration électronique de l'ion Zn^{2+} est : $1s^2\ 2s^2\ 2p^6\ 3s^2\ 3p^6\ 3d^{10}$;
Pour avoir la structure stable du gaz rare le plus proche, Kr, il lui faut acquérir 8 électrons sur sa dernière couche qui lui seront fournis par le ligand NH_3 qui met à la disposition de l'ensemble son doublet disponible. En conséquence : n = 8 / 2 = 4. La formule du complexe est $Zn(NH_3)_4^{2+}$.
2. Les liaisons sont covalentes de type datives.
3. L'ensemble constitue un tétraèdre dont le centre est occupé par l'ion Zn^{2+} et les 4 sommets par NH_3.

70

L'hybridation prend en compte soit le regroupement des électrons en paires et on complète les orbitales vides pour acquérir la structure du gaz rare le plus proche par des paires d'électrons apportées par les ligands, soit, si le ligand ne comporte pas de doublets Π, il n'y a pas de regroupement par paires dans les orbitales de l'ion.
Le complexe est totalement diamagnétique quand il ne reste plus d'électron célibataire et que le ligand possède un doublet Π.

$Fe(CN)_6^{4-}$: Z = 26, la configuration de l'ion Fe^{2+} est : Ar $3d^6$; il reste 2 orbitales 3d, l'orbitale 4s et les 3 orbitales 4p à compléter par 6 . 2 = 12 électrons apportés par les ligands CN^- ; l'hybridation est de type d^2sp^3 ; le complexe est diamagnétique et il constitue un octaèdre dont le centre est occupé par l'ion Fe^{2+}.

$Co(NH_3)_6^{3+}$: Z = 27 ; Co^{3+} : Ar $3d^6$; le ligand NH_3 ne possède pas de doublet Π ; le complexe est paramagnétique ; l'hybridation est de type sp^3d^2 ; il constitue un octaèdre.

$Ni(CN)_4^{2-}$: Z = 28 ; Ni^{2+} : Ar $3d^8$; le complexe est diamagnétique ; l'hybridation est de type dsp^2 ; le complexe a une géométrie plane et constitue un carré dont le centre est occupé par l'ion Ni^{2+}.

5.

Thermodynamique chimique

43. Équations chimiques

A.	Dans une équation chimique, la somme des masses des réactifs est égale à la somme des masses des produits	☐	☒
B.	Lors d'une réaction chimique, il y a conservation des corps simples	☐	☐[1]
C.	Lors d'une réaction chimique, il y a conservation du nombre de moles	☐	☐
D.	En toute rigueur, la loi de conservation de la masse totale n'est pas totalement vérifiée quand il y a un échange d'énergie, mais la perte de masse est négligeable devant les masses totales engagées dans la réaction	☐	☒

44. Équilibrage des réactions. Quelles sont les équations chimiques correctes ?

A.	$2\ CH_3OH + 3\ O_2 \rightarrow 2\ CO_2 + 4\ H_2O$	☐	☒
B.	$C_3H_8 + 4\ O_2 \rightarrow 3\ CO_2 + 4\ H_2O$	☐	☐[2]
C.	$2\ KClO_3 \rightarrow 2\ KCl + 3/2\ O_2$	☐	☐[3]
D.	$SiO_2 + 3\ C \rightarrow SiC + 2\ CO$	☐	☒
E.	$3\ NaHCO_2 + C_6H_8O_7 \rightarrow 3\ CO_2 + 4\ H_2O + Na_3C_6H_5O_7$	☐	☐[4]

45. Bilan de matière

A.	Lors de sa fermentation, une mole de glucose se décompose pour fournir une mole d'éthanol et 2 moles de dioxyde de carbone	☐	☐[5]
B.	Le rendement en bromobenzène C_6H_5Br est de 100 % lorsqu'on fait réagir 30 g de benzène sur 65 g de brome	☐	☐[6]
C.	La combustion de 3 g d'éthanol libère 5,73 g de CO_2	☐	☒
D.	Lors de la combustion de 2 g d'octane C_8H_8, on consomme 4,9 L d'air dans les conditions normales	☐	☐[7]
E.	En supposant la réaction totale, il faut 110 kg d'acide salicylique $C_7H_6O_3$ qui réagit sur l'anhydride éthanoïque $C_4H_6O_3$ pour fabriquer 150 kg d'aspirine $C_9H_8O_4$ et $C_2H_4O_2$	☐	☒

1) Il y a conservation des atomes ou éléments.
2) 5 O_2.
3) 3 O_2.
4) 3 H_2O.
5) Elle fournit 2 moles d'éthanol et non pas une.
6) Le rendement est de 94 %.
7) 4,9 L d'O_2 soit 24,5 L d'air.

46. Système. Définitions

- ☒ ☐ **A.** Un système fermé échange uniquement de la chaleur et du travail avec le milieu extérieur
- ☒ ☐ **B.** L'état d'un système est défini par ses variables d'état
- ☐[1] ☐ **C.** Lors de la transformation ouverte d'un système, toutes les variables d'état changent
- ☒ ☐ **D.** Trois transformations d'un système sont identiques ou équivalentes si les variables d'état du système sont identiques à l'état initial et à l'état final
- ☒ ☐ **E.** Une transformation isochore se déroule à volume constant
- ☐[2] ☐ **F.** Lors d'une transformation adiabatique, il n'y a pas d'échange d'énergie avec le milieu extérieur

47. Énergie

- ☒ ☐ **A.** L'énergie est présente uniquement sous 2 formes : la chaleur et le travail
- ☐[3] ☐ **B.** 1 calorie = 1 joule
- ☐[4] ☐ **C.** 1 thermie = 10^6 joules
- ☐[5] ☐ **D.** Lors de sa combustion à volume constant, l'acide lactique échange + 1 354 kJ d'énergie avec le milieu extérieur

48. Travail

- ☒ ☐ **A.** Lors d'une transformation chimique, le travail reçu ou échangé avec le milieu extérieur est essentiellement celui des forces de pression extérieure
- ☐[6] ☐ **B.** Lors de la réaction à 25°C et 1 atm : $H_{2g} + I_{2s} \leftrightarrow 2\ IH_g$, le travail reçu est nul
- ☒ ☐ **C.** À 450 °C et 1 atm, le travail reçu lors de la réaction : $H_{2g} + I_{2g} \leftrightarrow 2\ IH_g$ est nul
- ☐[7] ☐ **D.** Dans les conditions standard, le travail reçu par le système lors de la combustion d'une mole d'éthanol (H_2O_l) est de – 4 954 J
- ☒ ☐ **E.** Lors d'une réaction chimique, le travail reçu ou échangé est généralement négligeable devant la chaleur échangée avec le milieu extérieur

1) Une seule suffit.
2) Il n'y a pas d'échange de chaleur.
3) Une calorie = 4,18 J.
4) Une thermie = 10^6 calories.
5) Lors d'une combustion, le système fournit de la chaleur au milieu extérieur ; le signe algébrique est donc – (– 1 354 kJ).
6) Non, la variation du nombre de moles gazeuses n'est pas nulle.
7) + 2 476 J, H_2O et C_2H_5OH sont à l'état liquide.

49. Chaleur

A. La capacité calorifique molaire de l'eau est de 75,2 $J.mol^{-1}.K^{-1}$, sa chaleur massique est donc de 4,18 $J.g^{-1}.K^{-1}$ ☐ ☒
B. On peut écrire : Cv – Cp = R ☐ ☐[1]
C. La température d'un corps pur croît chaque fois qu'on lui fournit de la chaleur ☐ ☐[2]
D. La chaleur latente L caractérise l'échange de chaleur à pression constante lors du changement d'état d'un corps pur ☐ ☒
E. Les valeurs algébriques des chaleurs latentes lors de la fusion et la vaporisation sont négatives ☐ ☐[3]

50. Calorimétrie

A. La quantité de chaleur nécessaire pour faire passer 10 g d'eau de 15 °C à 35 °C sous 1 atm est de 836 J ☐ ☒
B. La quantité de chaleur nécessaire pour faire passer 10 g d'eau de 90 °C à 110 °C sous 1 atm est de 836 J ☐ ☐[4]
C. Le principe fondamental de la calorimétrie repose sur la conservation de la chaleur ☐ ☒
D. On ajoute 50 g d'eau à un calorimètre de masse en eau de 25 g qui contenait initialement 50 g d'eau à 20 °C ; la température finale de l'eau est de 25 °C ☐ ☐[5]
E. Pour convertir 10 g de glace de – 10 °C à + 20 °C, il faut fournir 3 970 J
$L_f(H_2O) = 334\ J.g^{-1}$; $c_{glace} = 2,1\ g^{-1}.K^{-1}$ ☐ ☐[6]

51. Premier principe

A. Lors d'une transformation cyclique, le premier principe permet d'écrire :
$\Delta U = \Delta Q + \Delta W = 0$ (ou $\Delta U = Q + W$) ☐ ☒
B. Pour 2 transformations identiques ou équivalentes A et B, on peut écrire :
$\Delta Q_A = \Delta Q_B$ et $\Delta W_A = \Delta W_B$ ☐ ☐[7]
C. Le premier principe ne s'applique pas aux systèmes ouverts comme le corps humain ☐ ☐[8]
D. Dans la relation $\Delta U = \Delta Q + \Delta W$, ΔQ s'exprime en calories et ΔW en joules ☐ ☐[9]
E. ΔQ et ΔW sont des fonctions d'état ☐ ☐[10]

1) $Cp - Cv = R$.
2) Non, pas lors d'un changement d'état.
3) Elles sont positives.
4) Il faut prendre en compte Lv.
5) 24 °C.
6) Il faut fournir 4 386 J.
7) Non, mais on peut écrire $\Delta U_A = \Delta U_B$.
8) non car il faut tenir compte des échanges de matière.
9) ΔQ et ΔW s'expriment tous deux en joules.
10) Seul ΔU est une fonction d'état.

52. Chaleurs de réaction à volume et pression constants

☒ ☐ A. La quantité de chaleur à volume constant d'une réaction chimique déterminée expérimentalement dans une bombe calorimétrique est égale à la variation d'énergie interne qui accompagne cette réaction : $\Delta U = Q_V$

☒ ☐ B. Le calorimètre de Berthelot permet de déterminer directement la chaleur à pression constante Q_P d'une réaction chimique

☐[1] ☐ C. Une chaleur de réaction exothermique est notée positivement

☐[2] ☐ D. On met 0,1 mole d'acide lactique $C_3H_6O_3$ dans une bombe calorimétrique remplie d'oxygène que l'on immerge dans un calorimètre. La masse en eau totale de l'ensemble est de 2 745 g. L'élévation de température constatée est de 11,8 °C. On en déduit que $Q_V = 135{,}4$ kJ.mol^{-1}

53. Enthalpie

☒ ☐ A. La variation d'enthalpie ΔH est égale à la chaleur de réaction à pression constante d'une réaction chimique Q_P

☐[3] ☐ B. Pour une réaction chimique : $\Delta H = \Delta U + \Delta W$

☐[4] ☐ C. La variation d'enthalpie d'une réaction dans les conditions standard s'écrit ΔH_{298K}

☒ ☐ D. Les valeurs des enthalpies de réaction que l'on trouve dans les tables sont toujours données pour des réactions totales

☒ ☐ E. Pour la réaction : $3\ H_2 + N_2 \rightarrow 2\ NH_3$, $\Delta H°_{298K} = -\ 92$ kJ et pour la réaction : $2\ NH_3 \rightarrow 3\ H_2 + N_2$, $\Delta H°_{298K} = +\ 92$ Kj

54. Relations entre ΔH et ΔU, Q_P et Q_V

☒ ☐ A. Pour la réaction : $H_{2g} + I_{2g} \leftrightarrow 2\ IH_g$, on peut écrire : $Q_P = Q_V$ et $\Delta H = \Delta U$

☐[5] ☐ B. Lors de la combustion d'une mole d'acide malonique cristallisé $C_3H_4O_4$ à volume constant, on détermine $Q_V = -\ 865{,}7$ kJ.mol^{-1} ; on en déduit : $Q_P = -\ 865{,}7$ kJ.mol^{-1} dans les conditions standard (H_2Ol)

☒ ☐ C. Pour la réaction de combustion d'une mole d'acide lactique $C_3H_6O_3$, on peut écrire : $\Delta H°_{298K} = \Delta U°_{298K}$

☐[6] ☐ D. Sachant que la combustion de 1 g d'hydrazine N_2H_4 dans une bombe calorimétrique dégage – 19,3 kJ($N_2H_{4l} + O_{2g} \rightarrow N_{2g} + 2\ H_20_g$) ; on en déduit : $\Delta H°_{298K} = -\ 667{,}1$ kJ .mol^{-1}

☒ ☐ E. Pour la réaction de combustion du glucose dans l'organisme, on peut écrire : $\Delta H°_{298K} = \Delta U°_{298K}$

1) Elle est notée négativement.
2) $Q_V = -\ 1\ 354$ kJ.mol^{-1}.
3) $\Delta H = \Delta U + \Delta nRT$.
4) Elle s'écrit $\Delta H°_{298K}$.
5) $Q_P = -\ 863{,}2$ kJ.mol^{-1}.
6) $\Delta H°_{298K} = -\ 612{,}6$ kJ.mol^{-1}.

55. Variation de ΔH avec la température

A. À 25 °C, pour la réaction : $H_{2g} + I_{2g} \leftrightarrow 2\ IH_g$, $\Delta H°_{298K} = -\ 184{,}3\ kJ.mol^{-1}$. On en déduit qu'à 450 °C : $\Delta H°_{723K} = -\ 187{,}0\ kJ.mol^{-1}$ ($Cp_{H_2} = Cp_{HCl} = 30{,}5\ J.mol^{-1}K^{-1}$; $Cp_{I2} = 36{,}8\ J.mol^{-1}.K^{-1}$ valeurs moyennes dans l'intervalle de température) ☐ ☒

B. À 25 °C, pour la réaction : $H_{2g} + 1/2\ O_{2g} \rightarrow H_2O_l$, $\Delta H°_{298K} = -\ 197{,}7\ kJ.mol^{-1}$. On en déduit qu'à 37 °C : $\Delta H°_{310K} = -\ 197{,}3\ kJ.mol^{-1}$ ($Cp_{H_2} = Cp_{O_2} = 29{,}5\ J.mol^{-1}.K^{-1}$) ☐ ☒

C. L'hydrogénation catalytique du toluène conduit au méthylcyclohexane gazeux : $\Delta H°_{298K} = -\ 204{,}8\ kJ.mol^{-1}$ et les valeurs moyennes des capacités calorifiques molaires à pression constante du toluène, de l'hydrogène et du méthylcyclohexane sont respectivement : 82, 29 et 135 $J.mol^{-1}K^{-1}$; à 125 °C, $\Delta H°_{398K} = -\ 202{,}4\ J.mol^{-1}.K^{-1}$ ☐ ☐[1]

D. Pour la réaction de combustion du benzène liquide à 20 °C, on trouve : $\Delta H°_{293K} = -\ 3\ 265\ kJ.mol^{-1}$. Sachant que le benzène se vaporise à 80 °C avec $Lv = 395\ J.g^{-1}$ et que les valeurs des capacités calorifiques molaires moyennes à pression constante sont respectivement pour le benzène liquide, le dioxyde de carbone, l'eau liquide et l'oxygène : 114, 30, 76 et 30 $J.mol^{-1}K^{-1}$, on trouve pour la réaction de combustion du benzène gazeux à 80 °C : $\Delta H°_{353K} = -\ 3\ 244\ kJ.mol^{-1}$ ☐ ☒

56. Enthalpie de formation. Enthalpie de réaction

A. $\Delta H°_{f(Nis)} = 0$ ☐ ☒

B. L'enthalpie de formation du méthanol $\Delta H°_{f(CH_3OH)}$ correspond à la variation d'enthalpie de la réaction : $CO + 2\ H_2 \rightarrow CH_3OH$ ☐ ☐[2]

C. À partir des enthalpies de combustion du carbone graphite et du monoxyde de carbone $\Delta H°_{comb\ Cs} = -\ 393{,}5\ kJ.mol^{-1}$ et $\Delta H°_{comb\ CO} = -\ 283{,}0\ kJ.mol^{-1}$, on trouve par le calcul que $\Delta H°_{298K}$ de la réaction : $Cs + 1/2\ O_{2g} \rightarrow CO_g$ est de : $-\ 676{,}5\ kJ.mol^{-1}$ ☐ ☐[3]

D. Les enthalpies de combustion du carbone graphite et du carbone diamant sont respectivement dans les conditions standard – 393,5 kJ et – 395,4 kJ ; on en déduit : $\Delta H°_{298K} = -\ 1{,}9\ kJ$ pour la réaction : $C_{graphite} \rightarrow C_{diamant}$ ☐ ☐[4]

57. Règle de Hess

Quelles sont les enthalpies de combustion dans les conditions standard correctes sachant que l'eau est à l'état liquide et que : $\Delta H°_f(H_2O_l) = -\ 285{,}9\ kJ.mol^{-1}$; $\Delta H°_f(CO_2) = -\ 393{,}5\ kJ.mol^{-1}$?

A. $\Delta H°_f(C_2H_2) = -\ 285{,}7\ kJ.mol^{-1}$; $\Delta H°_{comb}(C_2H_2) = -\ 1\ 299{,}6\ kJ.mol^{-1}$ ☐ ☒

B. $\Delta H°_f(C_3H_8) = -\ 103{,}8\ kJ.mol^{-1}$; $\Delta H°_{comb}(C_3H_8) = -\ 1\ 433\ kJ.mol^{-1}$ ☐ ☐[5]

C. $\Delta H°_f(C_2H_5OH) = -\ 277{,}7\ kJ.mol^{-1}$; $\Delta H°_{comb}(C_2H_5OH) = -\ 1\ 367\ kJ.mol^{-1}$ ☐ ☒

D. $\Delta H°_f(C_6H_6O_6) = -\ 1\ 260\ kJ.mol^{-1}$; $\Delta H°_{comb}(C_6H_6O_6) = -\ 4\ 076\ kJ.mol^{-1}$ ☐ ☐[6]

1) À 125 °C, $\Delta H°_{398K} = -\ 208{,}2\ kJ.mol^{-1}$.
2) Non, $C_s + 2\ H_{2g} + 1/2\ O_{2g} \rightarrow CH_3OH$.
3) $\Delta H°_{298K} = -\ 110{,}5\ kJ$.
4) $\Delta H°_{298K} = +\ 1{,}9\ kJ$.
5) $\Delta H°_{comb}(C_3H_8) = -\ 2\ 220\ kJ.mol^{-1}$.
6) $\Delta H°_{comb}(C_6H_6O_6) = -\ 2\ 816\ kJ.mol^{-1}$.

58. Règle de Hess

On donne : $\Delta H^\circ_f(CO_2) = -393{,}5\ kJ.mol^{-1}$; $\Delta H^\circ_f(CO) = -110'5\ kJ.mol^{-1}$; $\Delta H^\circ_f(H_2O_l) = -285{,}8\ kJ.mol^{-1}$.

☒ ☐ A. Soit : $CuO_s + H_{2g} \rightarrow Cu_s + H_2O_l$, $\Delta H^\circ_{298K} = -130{,}6\ kJ$; on en déduit : $\Delta H^\circ_f(CuO_s) = -155{,}2\ kJ.mol^{-1}$

☒ ☐ B. $\Delta H^\circ_{combustion\ (acide\ lactique)} = -1\ 363\ kJ.mol^{-1}$ à 25 °C ; on en déduit que : $\Delta H^\circ_{f(acide\ lactique)} = -675\ kJ.mol^{-1}$

Lors du cycle de Krebs, la réaction d'hydrogènase de l'acide fumarique HOOC–CH=CH–COOH en acide succinique $HOOC–CH_2–CH_2–COOH$ a pour $\Delta H^\circ_{298K} = -85{,}6\ kJ$; sachant que $\Delta H^\circ_{f(acide\ fumarique)} = -810{,}9\ kJ.mol^{-1}$; on en déduit :

☐[1] ☐ C. $\Delta H^\circ_{f(acide\ succinique)} = -725{,}3\ kJ.mol^{-1}$

☐[2] ☐ D. $\Delta H^\circ_{combustion\ acide\ succinique} = -1\ 102\ kJ.mol^{-1}$

59. Énergie de liaisons

☐[3] ☐ A. L'énergie réticulaire concerne la liaison covalente

☒ ☐ B. L'énergie d'une liaison covalente A–B est égale à la variation d'enthalpie $\Delta H^\circ_{(A-B)}$ de la réaction $A._g + B._g \rightarrow A–B$

On donne : $\Delta H^\circ_{(H-H)} = -435\ kJ$; $\Delta H^\circ_{(O-H)} = -462\ kJ$; $\Delta H^\circ_f(H_2O_g) = -242\ kJ.mol^{-1}$.

☒ ☐ C. Des données précédentes, on peut en déduire que $\Delta H^\circ_{(O=O)} = -494\ kJ$

☒ ☐ D. L'ensemble des données et le résultat précédent permettent de calculer : $\Delta H^\circ_f(H_2O_{2g}) = -133\ kJ.mol^{-1}$

☒ ☐ E. On note une différence de l'ordre de – 166 kJ entre la valeur calculée de l'enthalpie de la réaction d'hydrogénation du benzène en prenant en compte 3 liaisons C=C et la chaleur de réaction déterminée expérimentalement. Cette différence est un argument à la délocalisation des 6 électrons sur l'ensemble du noyau benzénique

☐[4] ☐ F. L'énergie réticulaire est égale à la variation d'enthalpie correspondant à une réaction du type : $Na^+_s + Cl^-_s \rightarrow (Na^+Cl^-)_s$

60. Deuxième principe

☒ ☐ A. L'entropie permet d'accéder au bilan de désordre d'un système échangé avec le milieu extérieur

☐[5] ☐ B. Le deuxième principe ne s'applique qu'aux systèmes fermés

☒ ☐ C. Lors d'un échange de chaleur, par définition, la variation d'entropie $\Delta S = \Delta Q/T$

☐[6] ☐ D. Dans le bilan d'entropie figure un terme d'échange et un terme de variation d'entropie à l'intérieur du système qui est toujours négatif

☒ ☐ E. Lors de la transformation d'un gaz à température constante, la variation d'énergie interne est nulle mais la variation d'entropie peut être non nulle

1) Le résultat est : $-896{,}5\ kJ.mol^{-1}$.
2) Le résultat est : $-1\ 535\ kJ.mol^{-1}$.
3) Elle concerne la liaison ionique.
4) Elle correspond à une réaction de type : $Na^+_g + Cl^-_g \rightarrow (Na^+Cl^-)_s$.
5) Non, il s'applique également aux systèmes ouverts comme le corps humain mais il faut tenir compte des bilans de désordre liés aux échanges de matière ; C : $\Delta S = \Delta Q/T$.
6) L'entropie créée à l'intérieur du système est toujours positif.

61. Calculs d'entropie

A. On chauffe 100 g d'eau à 20 °C pour la porter à 80 °C ; l'entropie échangée avec le milieu extérieur $\Delta_e S = 924$ J.K^{-1} ☐ ☐ [1]

B. Sachant que la chaleur latente de fusion de la glace est $L_f = 335$ J.g^{-1}, l'entropie échangée avec le milieu extérieur lors de la fusion d'une mole de glace à 0 °C est $\Delta_e S = 1{,}23$ J.K^{-1} ☐ ☐ [2]

C. L'entropie échangée avec le milieu extérieur $\Delta_e S$ lors de la réaction de la synthèse de l'eau liquide ($\Delta H^\circ_f(H_2O_l) = -286$ kJ.mol^{-1}) est dans les conditions standard : $\Delta_e S = -960$ J.K^{-1} ☐ ☒

D. La variation d'entropie $\Delta_e S$ qui accompagne une augmentation de volume d'un gaz à température constante est nulle ☐ ☒

E. Lors d'un changement d'état à sa température d'équilibre T, on a : $\Delta S = \Delta_e S = L/T$ (L : chaleur latente) ☐ ☒

F. On chauffe1 mole d'eau liquide de 20 °C à 100 °C en la mettant en contact avec le milieu extérieur à 100 °C ; le bilan d'entropie est le suivant : $\Delta S = 18{,}2$ J.K^{-1} ; $\Delta_e S = 16{,}2$ J.K^{-1} ; $\Delta\sigma = 2$ J.K^{-1} ☐ ☒

62. Quelles sont les transformations possibles ?

A. $\Delta_e S = -10$ J.K^{-1} ; $\Delta\sigma = 24$ J.K^{-1} ☐ ☒

B. $\Delta_e S = 28$ J.K^{-1} ; $\Delta S = 20$ J.K^{-1} ☐ ☐ [3]

C. $\Delta Q = 40$ J ; $T_{ext} = 300$ K ; $\Delta S = 0{,}1$ J.K^{-1} ☐ ☐ [3]

D. $\Delta Q = 250$ J ; $T_{ext} = 600$ K ; $\Delta S = 1$ J.K^{-1} ☐ ☒

63. Entropie de réaction

On donne :

– $C_{graphite}$: $s^\circ_{298K} = 5{,}69$ J.K^{-1} ; $Cp = 8{,}66$ J.K^{-1}.mol^{-1}
– O_2 : $s^\circ_{298K} = 205$ J.K^{-1} ; $Cp = 29{,}4$ J.K^{-1}.mol^{-1}
– CO_2 : $\Delta H^\circ_f(CO_2) = -394$ kJ.mol^{-1} ; $s^\circ_{298K} = 214$ J.K^{-1} ; $Cp = 37{,}1$ J.K^{-1}.mol^{-1}

A. L'entropie standard de la réaction à 298 K: $C_{graphite} + O_2 \rightarrow CO_2$ est : $\Delta S^\circ_{298K} = 3{,}3$ J.K^{-1} ☐ ☒

B. L'entropie molaire du graphite a 1 000 K est $s^\circ_{1000K} = 9{,}1$ J.K^{-1} ☐ ☐ [4]

C. L'entropie standard de la réaction à 100 °C : $C_{graphite} + O_2 \rightarrow CO_2$ est : $\Delta S^\circ_{373K} = 3{,}1$ J.K^{-1} ☐ ☒

D. La production de gaz lors d'une réaction chimique tend à augmenter le désordre du système donc son entropie ☐ ☒

1) $\Delta_e S = 77$ J.K^{-1}.
2) $\Delta_e S = 22$ J.K^{-1}.
3) Impossible car $\Delta\sigma$ ne peut être négatif.
4) $s^\circ_{1000K} = 16{,}2$ J.K^{-1}.mol^{-1}.

64. Enthalpie libre

A. Par définition, la variation d'enthalpie libre est : $\Delta G = \Delta H + T\Delta S$ [1]

B. Lors de la transformation d'un gaz qui passe d'une pression P_0 à P à température constante, $\Delta H = 0$ mais $\Delta G = RT \ln(P/P_0)$ pour une mole ☒

C. Lorsque l'enthalpie libre G d'un système diminue, le système reçoit du travail utile ΔW^* [2]

D. Lors d'une transformation réversible : $\Delta G = \Delta W^*$ ☒

E. Une réaction chimique spontanée se déroule de telle manière que son enthalpie libre augmente [3]

F. Si $\Delta G > 0$, la réaction est dite exergonique [4]

65. Enthalpie libre de réaction

A. La variation d'enthalpie libre de la réaction de déshydrogénase de l'acide succinique en acide formique : $HOOC–CH_2–CH_2–COOH \rightarrow HOOC–CH{=}CH–COOH + H_2$ qui s'effectue dans le cycle de Krebs est $\Delta G°_{298K} = -35{,}8$ kJ.mol^{-1}, sachant que les enthalpies de formation $\Delta H°_f$ en kJ.mol^{-1} et les entropies molaires $s°_{298K}$ en J.K^{-1}.mol^{-1}de l'acide succinique, de l'acide formique et de l'hydrogène sont respectivement : – 943,3 ; – 814,6 ; 0 et 175,6 ;165,9 ; 130,4 [5]

B. Pour la réaction : $H_{2g} + I_{2g} \rightarrow 2\ IH_g$, $\Delta G°_{298K} = -18{,}1$ kJ.mol^{-1}, sachant que les enthalpies libres de formation $\Delta G°_f$ de H_{2g}, I_{2g} et IH_g sont respectivement 0 ; 19 ,4 et 1,3 kJ.mol^{-1} [6]

C. Pour la réaction de synthèse d'une mole d'ammoniac à 600 K : $\Delta H°_{600K} = -52{,}8$ kJ.mol^{-1} ; $\Delta S°_{600K} = -112{,}7$ J.K^{-1} ; on en déduit que $\Delta G°_{600K} = 14{,}9$ kJ.mol^{-1} ☒

D. La réaction de synthèse de l'urée à partir du phosgène et de l'ammoniac est impossible à 298 K : $COCl_2 + 2\ NH_3 \rightarrow CO(NH_2)_2 + 2\ HCl$ $\Delta H°_{298K} = -201$ kJ.mol^{-1} et $\Delta S°_{298K} = -192$ J.K^{-1} [7]

66. Les réactions suivantes sont-elles toutes exothermiques ?

A. $H_2O_l \rightarrow H_2O_g$ ☐

B. Combustion du glucose ☒

C. $Na \rightarrow Na^+ + e^-$ ☐

D. $F + e^- \rightarrow F^-$ ☒

E. $Cl._g + Cl._g \rightarrow Cl_{2g}$ ☒

F. $urée_s \rightarrow urée_{aq}$ ☐

G. $C_6H_{12}O_{6aq} \rightarrow n\ C_2H_5OH_{aq} + n\ CO_{2aq}$ ☒

1) $\Delta G = \Delta H - T\Delta S$.
2) Le système ne reçoit pas, il fournit du travail utile.
3) Son enthalpie libre diminue.
4) La réaction est dite ndergonique.
5) $\Delta G°_{298K} = 92{,}7$ kJ.mol^{-1}.
6) $\Delta G°_{298K} = -16{,}8$ kJ .mol^{-1}.
7) C'est possible car $\Delta G°_{298K} = -144$ kJ.mol^{-1}.

Bilans de matière

71

Équilibrer les 2 équations-bilans suivantes :

$HgS + HNO_3 + HCl \rightarrow S + H_2HgCl_4 + NO + H_2O$

$KMnO_4 + H_2SO_4 + H_2O_2 \rightarrow MnSO_4 + O_2 + K_2SO_4 + H_2O$

72

La fermentation du glucose produit de l'éthanol et du dioxyde de carbone.

1. Calculer le nombre de moles de dioxyde de carbone produit par la fermentation de 0,330 g de glucose.
2. Combien de grammes de glucose sont nécessaires pour produire 2 moles d'éthanol ?
3. Combien de grammes de dioxyde de carbone obtient-on lorsque 2 g d'éthanol sont produits ?
4. Quel volume de dioxyde de carbone obtient-on dans les conditions normales lorsque 2 g de de glucose ont subi une fermentation ?

73

On chauffe un mélange d'oxyde de cuivre (II) et de carbone dans un tube à essais coiffé d'un tube à dégagement. On observe que le gaz qui se dégage trouble l'eau de chaux et que la poudre initialement noire devient jaune rosâtre.

1. Identifier les produits de la réaction.
2. Écrire l'équation-bilan de cette réaction.
3. On veut obtenir 3,18 g de cuivre. Calculer la masse des réactifs.
4. Calculer dans les conditions normales le volume du gaz obtenu.

74

1. Écrire l'équation-bilan de la combustion de l'éthanol.
2. Quel volume d'air faut-il dans les conditions normales pour brûler 1 L d'alcool ?
   [ρ(éthanol) = 0,8 g / cm^3]

75

On fait brûler 16 g de soufre dans un récipient de 5 L d'oxygène (conditions normales). Faire le bilan de matière complet à l'état final en masse pour le solide et en volumes pour les gaz.

76

On veut préparer 0,5 L d'hydrogène à 20 °C sous la pression barométrique de 770 mmHg par attaque de zinc par de l'acide sulfurique. Quelle masse de zinc faut-il ?

Travail et chaleur

77

Calculer le travail des forces de pression extérieure lors de la combustion d'une mole d''éthanol liquide pris dans les conditions standard. On considérera le cas où l'eau est prise à l'état liquide (a) puis lorsqu'elle est considérée à l'état gazeux (b).

78

Il faut fournir 125 J pour élever de 10 °C la température de 100 g de plomb. Calculer la capacité molaire du plomb et sa chaleur massique (ou spécifique).

79

On place 500 g d'eau dans un calorimètre. La température initiale de l'ensemble est de 22 °C. On y ajoute 500 g d'eau à 30 °C. La température finale est de 25,5 °C. Calculer la masse en eau de ce calorimètre.

80

Calculer la quantité de chaleur nécessaire pour faire passer 100 g de glace à – 20 °C en eau à l'état vapeur à 100 °C.
($C_{glace} = 37,5\ J.K^{-1}.mol^{-1}$, $L_f = 335\ J.g^{-1}$, $L_v = 40,6\ kJ.mol^{-1}$)

81

Dans un réacteur évoluant à pression constante, on brûle 1 mole de H_2 en présence de O_2 en excès. On procède ensuite à l'électrolyse de l'eau formée et on ramène le système à sa température initiale. Évaluer la variation d'énergie interne et la variation d'enthalpie du système lors de cette transformation.

82

On dissout 4,25 g de nitrate d'ammonium dans 60 g d'eau dans un calorimètre. La température finale est inférieure de 5,1 °C à celle de la température initiale.

1. Calculer la variation d'enthalpie en kJ/mol de la réaction de dissolution du nitrate d'ammonium. On négligera la masse en eau du calorimètre et on admettra que la chaleur massique de la solution est équivalente à celle de l'eau pure.
2. Trouver une application pratique d'utilisation du nitrate d'ammonium.

83

On met 1 g d'acide lactique $C_3H_6O_3$ dans une bombe calorimétrique de volume 500 mL remplie d'oxygène à une pression P à 22 °C. On la place dans un calorimètre dont la masse en eau totale (bombe comprise) est de 2 000 g. On provoque la combustion de l'acide lactique. On note une élévation de la température de 1,8 °C .

1. Calculer la pression P minimum que l'on doit avoir pour que la réaction soit totale.
2. Calculer la chaleur de réaction à volume constant Qv de cette réaction de combustion de l'acide lactique. En déduire la variation d'énergie interne qui accompagne cette réaction.

84

L'hydrazine N_2H_4 est utilisé dans les fusées comme combustible liquide.

1. Écrire l'équation-bilan de la réaction de combustion de l'hydrazine.
2. On brûle 1 g d'hydrazine dans une bombe calorimétrique que l'on place dans un calorimètre de capacité calorifique totale de 4 600 $J.K^{-1}$. On note une élévation de la température de 4,2 °C. Calculer la variation d'énergie interne qui accompagne cette réaction de combustion de l'hydrazine.

85

On mélange dans un calorimètre de masse en eau Me = 90 g, 500 mL de solution 0,1 M de nitrate d'argent et 500 ml de solution 0,1 M d'acide chlorhydrique. La température initiale des solutions et du calorimètre est de 22 °C, la température finale de l'ensemble est de 22,7 °C.

1. Définir la réaction qui a lieu dans le calorimètre.
2. Calculer la chaleur de réaction à pression constante de cette réaction. En déduire la variation d'enthalpie qui accompagne cette réaction.

Thermochimie

86

La trinitroglycérine $C_3H_5N_3O_9$ se décompose de façon explosive selon :
$2\ C_3H_5N_3O_{9l} \rightarrow 6\ CO_{2g} + 3\ N_{2g} + 0{,}5\ O_{2g} + 5\ H_2O_l$.
La décomposition de 1 g dans une bombe calorimètrique est accompagnée d'un dégagement de chaleur $q_V = -6{,}6$ kJ dans les conditions standard.

1. Calculer ΔU^0_{298K} de cette réaction.
2. Calculer ΔH^0_{298K} de cette réaction.

87

Calculer ΔH^0_{298K} de la réaction : $2\ C_S + H_{2g} \rightarrow C_2H_{2g}$, sachant que les variations d'enthalpie qui accompagnent les réactions de combustion dans les conditions standard de C_S, H_{2g} et C_2H_{2g} sont respectivement : – 393,5, – 285,9 et – 1 299,6 $kJ.mol^{-1}$.

88

Calculer l'énergie récupérable dans les conditions standard lors de la combustion :

1. du méthanol
2. de l'acide méthanoïque

On trouve dans les tables les enthalpies de formation suivantes dans les conditions standard :

$\Delta H^0_f(CH_3OH) = -\ 239\ kJ.mol^{-1}$; $\Delta H^0_f\ (HCOOH) = -\ 425\ kJ.mol^{-1}$;

$\Delta H^0_f(CO_2) = -\ 394\ kJ.mol^{-1}$; $\Delta H^0_f\ (H_2O_l) = -\ 286\ kJ.mol^{-1}$.

89

Calculer $\Delta H^0_f(NH_3)$, sachant que les chaleurs de réaction de combustion à pression constante dans les conditions standard de l'ammoniac et de l'hydrogène sont respectivement : – 395 $kJ.mol^{-1}$ et – 294 $kJ.mol^{-1}$.

90

Calculer l'enthalpie de formation dans les conditions standard de l'alanine :

$CH_3 - CH(NH_2) - COOH$

sachant que l'enthalpie de la réaction de combustion de l'alanine dans les conditions standard est de – 1 621 $kJ.mol^{-1}$. On trouve dans les tables :

$\Delta H^0_f\ (CO_2) = -\ 394\ kJ.mol^{-1}$ et

$\Delta H^0_f\ (H_2O) = -\ 286\ kJ.mol^{-1}$.

91

Soit G6P le glucose 6-phosphate et G1P le glucose 1-phosphate ; on prend en considération les réactions d'hydrolyse suivantes :

1. $G6P + H_2O \leftrightarrow G + Pi$; $\Delta H^0_a = -\ 12{,}5\ kJ.mol^{-1}$
2. $G1P + H_2O \leftrightarrow G + Pi$; $\Delta H^0_b = 9{,}4\ kJ.mol^{-1}$

En déduire ΔH^0_x de la réaction d'isomérisation du glucose : $G6P \leftrightarrow G1P$

92

Soit la réaction : $CH_{4g} + 2\ O_{2g} \rightarrow CO_{2g} + 2\ H_2O_l$; $\Delta H^0_{298K} = -\ 890,4\ kJ.mol^{-1}$.
Calculer ΔH^0_{1273K} de cette réaction de combustion réelle du méthane à cette température.
On donne les valeurs moyennes des capacités calorifiques molaires à pression constante dans l'intervalle de température considéré : 55,2 ; 31,8 ; 46,9 et 38,5 $J.mol^{-1}.K^{-1}$ de CH_{4g}, O_{2g}, CO_{2g} et H_2O_g respectivement et l'enthalpie standard de vaporisation de l'eau : 44,1 $kJ.mol^{-1}$.

93

Calculer l'enthalpie standard de la réaction de combustion du méthanol en supposant tous les corps à l'état gazeux à partir des valeurs des énergies de liaisons covalentes suivantes :
$\Delta H_{(C-H)} = -\ 414$ kJ ; $\Delta H_{(C-O)} = -\ 351$ kJ ; $\Delta H_{(C=O)} = -\ 720$ kJ ; $\Delta H_{(O-H)} = -\ 462$ KJ.

94

1. Calculer $\Delta H^0_f(HI)$ à 378 K.
2. Calculer ΔH^0_{298K} et ΔU^0_{298K} de la réaction : $I_{2g} + H_{2g} \rightarrow 2\ IH_g$.
3. Calculer $\Delta H^0_f\ (I^-_{aq})$, sachant que pour la réaction : $HI_g + H_2O \rightarrow H_3O^+_{aq} + I^-_{aq}$; $\Delta H^0_{298K} = -\ 81,8\ kJ.mol^{-1}$
4. Calculer $\Delta H^0_{(H-I)}$ sachant que pour la réaction : $C_2H_5I \rightarrow C_2H_4 + HI$; $\Delta H^0_{298K} = 71\ kJ.mol^{-1}$

Données numériques :
$\Delta H^0_f(HI) = 25,9\ kJ.mol^{-1}$
$Ls(I_{2s}) = 82,2\ kJ.mol^{-1}$
$\Delta H^0_{(C-I)} = -\ 230\ kJ.mol^{-1}$; $\Delta H^0_{(C-C)} = -\ 334\ kJ.mol^{-1}$
ΔH^0(des liaisons de l'éthène ou éthylène) = – 2 245 $kJ.mol^{-1}$
ΔH^0(des liaisons du méthane) = – 1 640 $kJ.mol^{-1}$
Valeurs moyennes des capacités molaires dans l'intervalle de température en $J.K^{-1}mol^{-1}$: $I_{2s} = 27,3$; $H_{2g} = 29$; $HI_g = 23$.

95

Calculer l'énergie réticulaire du fluorure de sodium dans les conditions standard à partir des données suivantes :
$\Delta H^0_f\ (NaF_s) = -\ 569,7\ kJ.mol^{-1}$
$Ls(Na_s) = 108,3\ kJ.mol^{-1}$
(1) $Na_g \rightarrow Na^+_g + e^-$; $\Delta H^0_1 = 501,6\ kJ.mol^{-1}$
(2) $F_g + e^- \rightarrow F^-_g$; $\Delta H^0_2 = -\ 343,2\ kJ.mol^{-1}$
$\Delta H^0_{(F-F)} = -\ 158\ kJ.mol^{-1}$

96

Calculer la variation d'enthalpie, dans les conditions standard, qui accompagne la dissolution du chlorure d'ammonium dans l'eau. La réaction est-elle endo- ou exothermique ?
(ΔH_f^0 (NH_4Cl_s) = – 314,1 kJ.mol^{-1} ; ΔH_f^0 ($NH_{4\,aq}^{+}$) = – 132,4 kJ.mol^{-1}
ΔH_f^0 (Cl_{aq}^{-}) = – 167 kJ .mol^{-1})

97

Une pomme « Golden » de 150 g contient 20 g de fructose $C_6H_{12}O_6$. Quel est l'apport calorique dû au fructose lorsque l'on mange cette pomme, sachant que l'enthalpie de combustion du fructose est ΔH_{298K}^0 = – 2 812 kJ.mol^{-1} ?

Entropie

98

Choisir entre les 2 propositions en italique :
Le camphre est un solide sublimable. Cette sublimation se fait par *absorption - élimination* d'énergie. Ce changement d'état correspond à une *augmentation - diminution* de l'entropie S, car l'ordre du système *augmente - diminue.*

99

Calculer l'entropie reçue par le système dans les conditions standard lors de la combustion d'une mole d'alanine ($\Delta H^0_{combustion}$ = – 1 621 kJ.mol^{-1}).

100

Calculer la variation d'entropie lorsqu'on ajoute 200 ml d'eau à 40 °C à 1 L d'eau à 20 °C.

101

On fait passer 100 mL d'eau à 20 °C en vapeur à 100 °C en plaçant cette eau dans une étuve à 100 °C. Faire le bilan d'entropie complet de cette transformation (Lv = 40,5 kJ.mol^{-1}).

102

Calculer la variation d'entropie de la réaction de synthèse de l'ammoniac à 25 °C et à 450 °C.
Les entropies molaires en J.K^{-1} dans les conditions standard et les valeurs moyennes des capacités calorifiques en J.K^{-1}.mol^{-1}, à pression constante, dans l'intervalle de température considérée sont respectivement :
N_2 : 191, 29,1 ; H_2 : 130, 28,9 et NH_3 : 193, 36,2.

Enthalpie libre

103

Calculer l'enthalpie libre de la réaction de synthèse de l'ammoniac dans les conditions standard (ΔH^0_{298K} = – 46, 2 kJ.mol^{-1} ; ΔS^0_{298K} = – 97,5 J.K^{-1}).

104

À partir des enthalpies libres de formation, calculer $\Delta G^0{}_{298K}$ et $\Delta G^0{}_{350K}$ de la réaction : 0,5 I_{2s} + 0,5 $H_{2g} \leftrightarrow HI_g$.
[ΔG_f^0 (I_{2s}) = 0 ; ΔG_f^0 (H_{2g}) = 0 ; ΔG_f^0 (HI_g) = 1,3 kJ.mol^{-1} ; $s^0(I_{2s})$ = 116,7 J.K^{-1}.mol^{-1} ; $s^0(H_{2g})$ = 144,8 J.K^{-1}mol^{-1} ; $s^0(HI_g)$ = 206,3 J.K^{-1}.mol^{-1}]

105

1. Démontrer la relation dG = VdP – SdT à partir des définitions des fonctions U, G, H et S.
2. En déduire l'enthalpie libre de formation d'une mole de dioxyde de carbone à 298 K et sous la pression de 3 atm. [ΔG_f^0 (CO_2) = – 394 kJ.mol^{-1}].

106

On considère la réaction d'hydrolyse du glucose à 298 K sous 1 atm :
$C_6H_{12}O_6 + 6\ H_2O \rightarrow 6\ CO_2 + 12\ H_2$: ΔH^0_{298K} = 613,3 kJ.mol^{-1}
Les valeurs des entropies molaires en J.K^{-1} du glucose, de l'hydrogène, du dioxyde de carbone et de l'eau à l'état liquide sont respectivement 332, 155, 214 et 70.

1. La réaction est-elle endo- ou exothermique ?
2. La réaction est-elle endergonique ou exergonique ?

107

Dans quel sens évolue spontanément la réaction : $N_2O_{4g} \leftrightarrow 2\ NO_{2g}$ dans les conditions standard [ΔG_f^0 (N_2O_4) = 98,2 kJ.mol^{-1} ; ΔG_f^0 (NO_2) = 51,2 kJ.mol^{-1}].

108

1. La transformation physique $Br_{2l} \rightarrow Br_{2g}$ est-elle spontanée dans les conditions standard ?
2. À quelle température l'équilibre entre les 2 phases pourra-t-il avoir lieu ?
(ΔH_f^0 (Br_{2g}) = 30,7 kJ.mol^{-1} ; $s^0(Br_{2l})$ = 152 J.K^{-1} ; $s^0(Br_{2g})$ = 245 J.K^{-1})

109

La combustion biologique du glucose est un exemple de combustion des aliments dans l'organisme.

1. Sachant que dans les conditions standard, la variation d'enthalpie et la variation d'enthalpie libre de cette réaction de combustion du glucose sont respectivemen de – 2 826 $kJ.mol^{-1}$ et – 2 867 $kJ.mol^{-1}$, calculer la variation d'entropie.
2. La réaction de dénaturation de la myoglobine (coupure de liaisons peptidiques qui donne naissance à de très multiples molécules d'acides aminés) a une variation d'enthalpie et d'enthalpie libre de 176 $kJ.mol^{-1}$ et de 57 $kJ.mol^{-1}$ respectivement dans les conditions standard. En déduire la variation d'entropie et commenter le résultat en le comparant à celui obtenu pour le glucose.

71

$3\ HgS + 2\ HNO_3 + 12\ HCl \rightarrow 3\ S + 3\ H_2HgCl_4 + 2\ NO + 4\ H_2O$
$2\ KMnO_4 + 3\ H_2SO_4 + 5\ H_2O_2 \rightarrow 2\ MnSO_4 + 5\ O_2 + K_2SO_4 + 8\ H_2O$

72

$C_6H_{12}O_6 \rightarrow 2\ C_2H_5OH + 2\ CO_2$
M(glucose) = 180 $g.mol^{-1}$; M(éthanol) = 46 $g.mol^{-1}$; M(dioxyde de carbone) = 44 $g.mol^{-1}$

1. n(glucose) = 0,330 / 180 = $1,83.10^{-3}$ mol
n(dioxyde de carbone) = 2 n(glucose) = $3,66.10^{-3}$ mol.
2. Pour produire 2 moles d'éthanol, il faut 1 mole de glucose, soit 180 g.
3. n(éthanol) = 2 / 46 = $4,35.10^{-2}$ mol
n(dioxide de carbone) = n(éthanol) ; m = $4,35.10^{-2}$. 44 = 1,91 g.
4. n(glucose) = 2 / 180 = $1,11.10^{-2}$ mol
n(dioxyde de carbone) = 2 n(glucose) = 2 . $1,11.10^{-2}$ = $2,22.10^{-2}$ mol
v = $2,22.10^{-2}$. 22 ,4 = 0,493 L.

73

1. Le cuivre et le dioxyde de carbone qui trouble l'eau de chaux.
2. $2\ CuO + C \rightarrow 2\ Cu + CO_2$.
3. $n_{Cu} = m_{Cu} / M_{Cu} = 3,18 / 63,5 = 5.10^{-2}$ mol
$n_{CuO} = n_{Cu}$; $m_{CuO} = n_{CuO} . M_{CuO} = 5.10^{-2} . 79,5 = 3,975$ g
$n_c = 0,5\ n_{Cu} = 2,5.10^{-2}$ mol ; $m_C = n_C . M_c = 2,5.10^{-2} . 12 = 0,3$ g.
4. $v_{CO_2} = n_{CO_2} . v_0$; $n_{CO_2} = n_C$; $v_0 = 22,4$ L ;
$v_{CO_2} = 2,5.10^{-2} . 22,4 = 0,56$ L.

74

1. $C_2H_5OH + 3\ O_2 \rightarrow 2\ CO_2 + H_2O$.

2. n(éthanol) = m / M = 800 / 46 = 17,4 mol
n(oxygène) = 3 n(éthanol) = 3 . 17,4 = 52,2 mol
v(oxygène) = n(oxygène) . 22,4 = 52,2 . 22,4 = 1169 L, soit 1,17 m^3
On peut admettre que v(air) = 5. v(oxygène) ; v(air) = 5,6 m^3.

75

	S_s	+	O_{2g}	→	SO_{2g}
État initial	16 g		5 L		0
État final	8,96 g		0		5 L

À l'état initial : $n_0(O_2)$ = 5 / 22,4 = 0,22 mol ; $n_0(S)$ = 16 /32 =0,5 mol ; à l'état final, il y a un excès de S : 0,5 – 0,22 = 0,28 mol, soit : 0,28 . 32 = 8,96 g.

76

$Zn + H_2SO_4 \rightarrow ZnSO_4 + H_2$
$n_{Zn} = n_{H_2}$; n_{H_2} = [(770 / 760) . 0,5] / (0,082 . 293) = 0,0211 mol
M_{Zn} = 65,4 $g.mol^{-1}$; m_{Zn} = 0,0211 . 65,4 = 1,38 g

77

(a) $C_2H_5OH_l + 3\ O_{2g} \rightarrow 2\ CO_{2g} + 3\ H_2O_l$
$\Delta Wp = -$ Pext . ΔV ; Pext = 1 atm soit $1{,}013.10^5$ Pa ; T = 298 K
$\Delta V = \Delta n\ .\ v_0$; à 298 K v_0 = (22,4 . 298) / 273 = 24,45 L
Δn = 2 – 3 = – 1 (on ne prend en compte que les corps gazeux)
ΔV = – 24,45 L soit – $24{,}45.10^{-3}$ m^3
$\Delta Wp = -[1{,}013.10^5\ .\ (-24{,}45.10^{-3})] = 2476$ J
(b) $C_2H_5OH_l + 3\ O_{2g} \rightarrow 2\ CO_{2g} + 3\ H_2O_g$
Dans ce cas : Δn = 5 – 3 = 2
$\Delta Wp = -[1{,}013.10^5\ .\ (2\ .\ 24{,}45.10^{-3})] = -4\ 952$ J

78

Q = n C ΔT ; M_{Pb} = 207,19 $g.mol^{-1}$; n = 100 / 207,19
C = 125 / [(100 / 207,19) . 10] = 25,9 $J.K^{-1}.mol^{-1}$
Q = m c ΔT ; c = 125 / (100 . 10) = 0,125 $J.K^{-1}.g^{-1}$

79

Chaleur gagnée = chaleur perdue : 4,18 . (Me + 500) (25,5 – 22) = 4,18 . 500 . (30 – 25,5)
Me = [500 . (30 – 25,5) – 500 . (25,5 – 22)] / (25,5 – 22) = 143 g

80

On considère les 4 étapes suivantes :
– glace à – 20 °C à 0 °C : q_1 = (100 /18) . 37,5 . 20 = 4 167 J
– glace à 0 °C en eau liquide à 0 °C : q_2 = 100 . 335 = 33 500 J
– eau à 0 °C en eau 100 °C : q_3 = 100 . 4,18 . 100 = 41 800 J
– eau liquide à 100 °C en eau vapeur à 100 °C :
q_4 = (100 / 18) . 40 600 = 225 555 J
Q = $q_1 + q_2 + q_3 + q_4$ = 4167 + 33 500 + 41 800 + 225 555 = 305022 J, soit 305 KJ.

81

Cette transformation est cyclique : le système se retrouve à l'état final à ce qu'il était à l'état initial. (H_2 et O_2 à la même température T). L'énergie interne et l'enthalpie étant 2 fonctions d'état, on a donc : $\Delta U = 0$ et $\Delta H = 0$.

82

1. La variation d'enthalpie correspond à la chaleur de réaction à pression constante de la dissolution du nitrate d'ammonium NH_4NO_3.
ΔH = c . m . ΔT = 4,18 . (60 + 4,25) . 5,1 = 1 370 J ; M = 80 g.mol^{-1}
Pour 1 mole , ΔH = 1 370 . 80 = 25 788 J.mol^{-1}, soit 25,8 kJ.mol^{-1}

2. Le nitrate d'ammonium peut être utilisé comme élément réfrigérant en absence de courant électrique ou de glace.

83

1. $C_3H_6O_3 + 3\ O_2 \rightarrow 3\ CO_2 + 3\ H_2O$
M = 90 g.mol^{-1} ; n(a.lactique) = 1 / 90 = 1,11.10^{-2} mol
Il faut donc : 3 . 0,0111 mol de O_2
P V = n R T ; P = (0,0333 . 0,082 . 295) / 0,5 = 1,61 atm

2. q_v = – (Met . c . ΔT) = – (2 000 . 4,18 . 1,8) = – 15 048 J
M = 90 g.mol^{-1} ; Qv = – (15 048 . 90) = – 1 354 320 J.mol^{-1}, soit – 1 354 kJ.mol^{-1}
ΔU = Qv = – 1 354 kJ.mol^{-1}

84

1. $N_2H_4 + O_2 \rightarrow N_2 + 2\ H_2O$.

2. La variation d'énergie interne correspond à la chaleur de réaction déterminée à volume constant.
q_v = – (4600 . 4,2) = – 19 320 J
ΔU = Qv = – (19 320 . 32) = – 618 240 J.mol^{-1}, soit – 618 kJ.mol^{-1}

85

1. $AgNO_{3aq} + HCl_{aq} \rightarrow AgCl_s + HNO_{3aq}$
dont le bilan ionique est la réaction de précipitation :
$Ag^+_{aq} + Cl^-_{aq} \rightarrow AgCl_{s.}$
2. $q_p = -[4,18 . (500 + 500 + 90) . (22,7 - 22)] = -3\ 189$ J.
Dans 500 mL 0,1 M, il y a 1 / 20 de mole.
$Qp = -(3\ 189\ .\ 20) = -63\ 787\ J.mol^{-1}$, soit $-64\ kJ.mol^{-1}$ (résultat arrondi car il faut tenir compte des erreurs expérimentales).
$\Delta H = Qp = -64\ kJ.mol^{-1}$.

86

1. $M = 227\ g.mol^{-1}$
$\Delta U = Qv = q_V . M$
$\Delta U^0_{298K} = -(6,6 . 227) = -1\ 498\ kJ.mol^{-1}$
2. $\Delta H = \Delta U + \Delta n\ R\ T$
$\Delta n = (6 + 3 + 0,5) / 2 = 4,75$ pour 1 mole
$\Delta H^0_{298K} = -1\ 498\ 000 + (4,75 . 8,32 . 298) = -1\ 486\ 223$ J,
soit $-1486\ kJ.mol^{-1}$

87

Les réactions de combustion sont :
$C_s + O_{2g} \rightarrow CO_{2g}$
$H_{2g} + 0,5\ O_{2g} \rightarrow H_2O_l$
$C_2H_{2g} + 2,5\ O_{2g} \rightarrow 2\ CO_{2g} + H_2O_l$
On envisage 2 transformations équivalentes (1) et (2) (états initial et final identiques) :
(1) $2\ C_s + H_{2g} + 2,5\ O_{2g} \rightarrow 2\ CO_{2g} + H_2O_l$:
$\Delta H_{(1)} = -[(2 . 393,5) + 285,9] = -1072,9$ kJ
(2) $2\ C_s + H_{2g} + 2,5\ O_{2g} \rightarrow C_2H_{2g} + 2,5\ O_{2g} \rightarrow 2\ CO_{2g} + H_2O_l$:
$\Delta H_{(2)} = \Delta H_x + (-1\ 299,6)$
$\Delta H_{(1)} = \Delta H_{(2)}$
$\Delta H^0_{298K} = \Delta H_x = (-1\ 072,9) - (-1\ 299,6) = 226,7\ kJ.mol^{-1}$

88

L'énergie récupérable nous est fournie par la variation d'enthalpie qui accompagne ces réactions de combustion. On utilise la règle de Hess.

1. $CH_3OH + 1{,}5\ O_2 \rightarrow CO_2 + 2\ H_2O \quad \Delta H_a^0$

$\Delta H_a^0 = 2\ \Delta H_f^0\ (H_2O) + \Delta H_f^0\ (CO_2) - \Delta H_f^0\ (CH_3OH)$

$= 2\ (-286) + (-394) - (-239) = -727\ kJ.mol^{-1}$

2. $HCOOH + 0{,}5\ O_2 \rightarrow CO_2 + H_2O \quad \Delta H_b^0$

$\Delta H_b^0 = \Delta H_f^0\ (CO_2) + \Delta H_f^0\ (H_2O) - \Delta H_f^0\ (HCOOH)$

$= (-394) + (-286) - (-425) = -255\ kJ.mol^{-1}$

89

Qp = ΔH . On peut appliquer directement la règle de Hess car, par définition , l'enthalpie de formation de l'eau correspond à la réaction de combustion de l'hydrogène.

Les équations-bilans de ces réactions sont :

(1) $2\ NH_3 + 1{,}5\ O_2 \rightarrow N_2 + 3\ H_2O\ ;\ \Delta H_1^0 = 2\ (-395)\ kJ.mol^{-1}$

(2) $H_2 + 0{,}5\ O_2 \rightarrow H_2O\ ;\ \Delta H_2^0 = -294\ kJ.mol^{-1}$

$\Delta H_1^0 = 3\ \Delta H_2^0 - 2\ \Delta H_f^0(NH_3)$

$\Delta H_f^0(NH_3) = [3\ (-294) - 2\ (-395)]\ /\ 2 = -46\ kJ.mol^{-1}$

90

L'équation-bilan de la réaction de combustion de l'alanine est :

$2\ CH_3 - CH(NH_2) - COOH + 7{,}5\ O_2 \rightarrow 6\ CO_2 + N_2 + 7\ H_2O \quad 2\ \Delta H_c^0$

On applique la règle de Hess :

$2\ \Delta H_c^0 = 6\ \Delta H_f^0\ (CO_2) + 7\ \Delta H_f^0\ (H_2O) - 2\ \Delta H_f^0\ (alanine)$

$\Delta H_f^0\ (alanine) = [6\ (-394) + 7\ (-286) - 2\ (-1621)]\ /\ 2 = -562\ kJ.mol^{-1}$

91

On envisage les 2 transformations équivalentes suivantes :

1. $G6P + H_2O \rightarrow G + Pi : \Delta H_a^0$

2. $G6P + H_2O \rightarrow G1P + H_2O \rightarrow G + Pi : \Delta H_x^0 + \Delta H_b^0$

$\Delta H_x^0 = \Delta H_a^0 - \Delta H_b^0 = -12{,}5 - 9{,}4 = -21{,}9\ kJ.mol^{-1}$

92

À 1 273 K, on doit considérer la réaction : $CH_{4g} + 2\ O_{2g} \rightarrow CO_{2g} + 2\ H_2O_g$

$\Delta H^0_{298K} = -890{,}4 + 2\ .\ 44{,}1 = -802{,}2\ kJ.mol^{-1}$

$\Delta H^0_{1273K} = \Delta H^0_{298K} + (\Delta Cp)\ .\ \Delta T$

$\Delta H^0_{1273K} = -802200 + (38{,}5.\ 2 + 46{,}9 - 31{,}8\ .2 - 55{,}2)\ .\ 975 \equiv$
$-797{,}2\ kJ.mol^{-1}$

93

On fait apparaître les liaisons dans l'équation-bilan de la réaction de combustion :

$$\mathrm{H-\underset{H}{\overset{H}{\underset{|}{\overset{|}{C}}}}-O-H + 1{,}5\ O=O \rightarrow O=C=O + 2\ H-O-H}$$

$\Delta H^0_{298K} = 4\ \Delta H_{(O-H)} + 2\ \Delta H_{(C=O)} - (1{,}5\ \Delta H_{(O=O)} + \Delta H_{(O-H)}$
$+ 3\ \Delta H_{(C-H)}) = -\ 492\ kJ.mol^{-1}$

94

Entre 298 K et 378 K, l'iode est à l'état solide.

1. L'enthalpie de formation correspond à la réaction : $0{,}5\ I_{2s} + 0{,}5\ H_{2g} \rightarrow HI_g$.
À 378 K : $\Delta H^0_{f(378K)} = \Delta H^0_{f(298K)} + \Delta C\ .\ \Delta T$
$= 25\ 900 + (23 - 0{,}5.29 - 0{,}5.\ 27{,}3)\ .\ (378 - 298)$
$= 25\ 900 - 412 \equiv 25{,}5\ kJ.mol^{-1}$

2. On envisage 2 transformations équivalentes :
(1) $I_{2s} + H_{2g} \rightarrow 2\ HI_g : 2\ \Delta H^0_f$
(2) $I_{2s} + H_{2g} \rightarrow I_{2g} + H_{2g} \rightarrow 2\ HI_g : Ls(I_{2s}) + \Delta H^0_{298K}$
$\Delta H^0_{298K} = 2\ .\ 25{,}9 - 62{,}2 = -\ 10{,}4\ kJ.mol^{-1}$
$\Delta U^0_{298K} = \Delta H^0_{298K} - \Delta n\ R\ T$
$\Delta n = 0\ ;\ \Delta U^0_{298K} = \Delta H^0_{298K}$

3. $HI_g + H_2O \rightarrow H_3O^+_{aq} + I^-_{aq}\ ;\ \Delta H^0_{298K} = -\ 81{,}8\ kJ.mol^{-1}$
$\Delta H^0_{298K} = \Delta H^0_f\ (I^-_{aq}) + \Delta H^0_f\ (H_3O^+_{aq}) - \Delta H^0_f\ (HI_g)$
$\Delta H^0_f\ (H_3O^+_{aq}) = 0$
$\Delta H^0_f\ (I^-_{aq}) = -\ 81{,}8 + 25{,}9 = -\ 55{,}9\ kJ.mol^{-1}$

4. $C_2H_5I \rightarrow C_2H_4 + HI\ ;\ \Delta H^0_{298K} = 71\ kJ.mol^{-1}$
À partir du bilan des liaisons, on peut écrire :
$\Delta H^0_{298K} = \Delta H^0_{(H-I)} + 4\ \Delta H^0_{(C-H)} + \Delta H^0_{(C=C)} - (5\ \Delta H^0_{(C-H)} + \Delta H^0_{(C-I)}$
$+ \Delta H^0_{(C-C)})$
$\Delta H^0_{(H-I)} = \Delta H^0_{298K} - \Delta H^0_{(C=C)} + \Delta H^0_{(C-H)} + \Delta H^0_{(C-I)} + \Delta H^0_{(C-C)}$
$\Delta H^0_{(C-H)} = \Delta H^0(\text{liaisons du méthane}) / 4 = -\ 410\ kJ.mol^{-1}$
$\Delta H^0_{(C=C)} = \Delta H^0(\text{liaisons de l'éthène}) - 4\ \Delta H^0_{(C-H)} = -\ 605\ kJ.mol^{-1}$
$\Delta H^0_{(H-I)} = 71 - (-\ 645) + (-\ 410) + (-\ 230) + (-\ 334) = -\ 298\ kJ.mol^{-1}$

95

L'énergie réticulaire est la variation d'enthalpie ΔH_x^0 de la réaction :
$Na_g^+ + F_g^- \rightarrow (Na^+F^-)_s$
On envisage un cycle ou 2 transformations équivalentes :

	Na_s +	$0{,}5\ F_{2g}$	$\rightarrow$	$(Na^+F^-)_s : \Delta H_f^0\ (NaF)$
$Ls(Na_s)$	$\downarrow$	$\downarrow - 1/2\ \Delta H^0_{(F-F)}$		$\uparrow$
	Na_g	F_g		
ΔH_1^0	$\downarrow$	$\downarrow \Delta H_2^0$		$\uparrow$
	Na_g^+ +	$F_g^- \rightarrow$	$\rightarrow$	ΔH_x^0

$\Delta H_x^0 = \Delta H_f^0\ (NaF) - Ls(Na_s) + 1/2\ \Delta H^0_{(F-F)} - \Delta H_1^0 - \Delta H_2^0$
$= (-569{,}7) - 108{,}3 + 0{,}5\ .\ (-158) - 501{,}6 - (-343{,}2) = -915{,}4\ kJ.mol^{-1}$

96

$$NH_4Cl_s \xrightarrow{(H_2O)} NH_4{}^+_{aq} + Cl^-_{aq} \qquad \Delta H_x^0$$

$\Delta H_x^0 = \Delta H_f^0\ (Cl^-_{aq}) + \Delta H_f^0\ (NH_4{}^+_{aq}) - \Delta H_f^0\ (NH_4Cl_s)$
$= (-167) + (-132{,}4) - (-314{,}1) = 14{,}7\ kJ.mol^{-1}$
Cette dissolution du chlorure d'ammonium dans l'eau est endothermique.

97

$M = 180\ g.mol^{-1}$
$q_p = (-2810\ .\ 20) / 180 = -312\ kJ$, soit $312 / 4{,}18 = -75\ kcal$
L'utilisation des calories n'est plus scientifiquement autorisée mais cette unité de l'énergie sous forme de chaleur est encore introduite dans le langage courant en particulier en ce qui concerne l'alimentation.

98

La sublimation se fait par absorption d'énergie. Elle correspond à une augmentation de l'entropie S, car l'ordre du système diminue.

99

$\Delta_e S = \Delta Q / T_{ext} = (-1\ 621\ 000) / 298 = -5\ 440\ J.K^{-1}$.

100

Pour déterminer la température finale, on considère que : chaleur perdue = chaleur gagnée (conservation de la chaleur en absence de travail) :
$200\ .\ 4{,}18\ .\ (313 - T_f) = 1\ 000\ .\ 4{,}18\ .\ (T_f - 293)$
$T_f = 296{,}3\ K$
On considère la variation d'entropie subie par les 200 mL d'eau (a) puis celle subie par le litre d'eau (b) :
$\Delta S = c\ .\ m.\ \ln (T_f / T_i)$
$\Delta S_a = 4{,}18\ .\ 200\ .\ \ln (296{,}3 / 313) = -45{,}8\ JK^{-1}$
$\Delta S_b = 4{,}18\ .\ 1\ 000\ .\ \ln (296{,}3 / 293) = 46{,}8\ J.K^{-1}$
$\Delta S = \Delta S_a + \Delta S_b = (-45{,}8) + 46{,}8 = 1\ J.K^{-1}$

101

On envisage une étape (a) : l'eau liquide passe de 20 °C à 100 °C et une étape (b) correspondant au passage de l'eau de l'état liquide à l'état vapeur.

$\Delta S = \Delta_e S + \Delta\sigma$

$\Delta S_a = 4{,}18 \, . \, 100 \, . \, \ln (373 / 293) = 100{,}9 \; J.K^{-1}$

$\Delta_e S_a = Q / T_{ext} = [100 \, . \, 4{,}18 \, . \, (100 - 20)] / 373 = 89{,}7 \; J.K^{-1}$

$\Delta\sigma_a = \Delta S_a - \Delta_e S_a = 100{,}9 - 89{,}7 = 11{,}2 \; J.K^{-1}$

$\Delta S_b = \Delta_e S_b = [(40\,500 \, . \, 100) / 18] / 373 = 603{,}2 \; J.K^{-1}$, car $\Delta\sigma_b = 0$ (transformation réversible)

$\Delta S = 100{,}9 + 603{,}2 = 704{,}1 \; J.K^{-1}$

$\Delta_e S = 89{,}7 + 603{,}2 = 692{,}9 \; J.K^{-1}$

$\Delta\sigma = 11{,}2 \; J.K^{-1}$

102

$0{,}5 \; N_2 + 1{,}5 \; H_2 \leftrightarrow NH_3$

$\Delta S^0_{298K} = s^0_{(NH3)} - (1{,}5 \; s^0_{(H2)} + 0{,}5 \; s^0_{(N2)})$

$= 193 - [(1{,}5 \, . \, 130) + (0{,}5 \, .191)] = - 97{,}5 \; J.K^{-1}.mol^{-1}$

$\Delta S^0_{723K} = \Delta S^0_{298K} + \Delta Cp \, . \, \ln (723 / 298)$

$= - 97{,}5 + [36{,}2 - [(0{,}5 \, . \, 29{,}1) + (1{,}5 \, . \, 28{,}9)] \, . \, \ln (723 / 298)$

$= - 116{,}7 \; J.K^{-1}$

103

$0{,}5 \; N_2 + 1{,}5 \; H_2 \leftrightarrow NH_3$

$\Delta G^0_{298K} = \Delta H^0_{298K} - T \, . \, \Delta S^0_{298K}$

$= - 46\,200 - [298 \, . \, (- 97{,}5)] = - 17\,145 \; J.mol^{-1}$, soit $- 17{,}1 \; kJ.mol^{-1}$

104

$0{,}5 \; I_{2s} + H_{2g} \leftrightarrow HI_g$

$\Delta G^0_{298K} = \Delta G^0_f \, (HI_g) = 1{,}3 \; kJ.mol^{-1}$

$\Delta G^0_{350K} = \Delta G^0_{298K} - \Delta S^0 \, . \, \Delta T$

$\Delta S^0 = s^0(IH) - 0{,}5 \; s^0 \, (I_2) - 0{,}5 \; s^0(H_2)$

$= 206{,}3 - (0{,}5 \, . \, 116{,}7) - (0{,}5 \, . \, 144{,}8) = 75{,}5 \; J.K^{-1}$

$\Delta G^0_{350K} = 1300 - [75{,}5 \, . \, (350 - 298)] = - 2\,626 \; J.mol^{-1}$, soit $- 2{,}6 \; kJ.mol^{-1}$

105

1. $G = H - TS$; $dG = dH - T\,dS - S\,dT$
$H = U + PV$; $dH = dU + P\,dV + V\,dP$
$dU = \delta Q + \delta W$
$\delta W = -P\,dV$; $\delta Q = T\,dS$
$dH = T\,dS - P\,dV + P\,dV + V\,dP = T\,dS + V\,dP$
$dG = T\,dS + V\,dP - T\,dS - S\,dT = V\,dP - S\,dT$

2. À T constante : $dG = V\,dP$
$PV = nRT$; $V = nRT / P$
$\Delta g = nRT \int (dP / P) = nRT \ln (P / P_0)$
$\Delta G_f(CO_2) = \Delta G_f^0 (CO_2) + \Delta g = -394\,000 + (8{,}32 \,.\, 298 \,.\, \ln 3)$
$= -391\,276$ J.mol^{-1}, soit -391 kJ.mol^{-1}

106

1. La réaction est endothermique ($\Delta H > 0$).

2. $\Delta G^0_{298K} = \Delta H^0_{298K} - T \,.\, \Delta S^0_{298K}$
$\Delta S^0_{298K} = 12\, s^0(H_2) + 6\, s^0(CO_2) - [6\, s^0(H_2O) + s^0(C_6H_{12}O_6)]$
$= (12 \,.\, 15) + (6 \,.\, 214) - [(6 \,.\, 70) + 332] = 2\,392$ J.K^{-1}
$\Delta G^0_{298K} = 613\,300 - (298 \,.\, 2392) = -99\,516$ J.mol^{-1}, soit $-99{,}5$ kJ.mol^{-1}
La réaction est exergonique ($\Delta G < 0$).

107

$\Delta G^0_{298K} = 2\,\Delta G_f^0 (NO_2) - \Delta G_f^0 (N_2O_4) = (2 \,.\, 51{,}8 - 98{,}2) = 5{,}4$ kJ.mol^{-1}
$\Delta G > 0$ dans le sens de la dissociation de N_2O_4 ; dans ces conditions, la réaction évolue donc spontanément de droite à gauche (ΔG est alors négatif).

108

1. $\Delta G^0_{298K} = \Delta H^0_{298K} - T \,.\, \Delta S^0_{298K}$
$\Delta H^0_{298K} = \Delta H_f^0 (Br_{2g}) - \Delta H_f^0 (Br_{2l}) = 30{,}7 - 0 = 30{,}7$ kJ.mol^{-1}
$\Delta S^0_{298K} = s^0(Br_{2g}) - s^0(Br_{2l}) = 245 - 152 = 93$ J.K^{-1}
$\Delta G^0_{298K} = 30\,700 - (298 \,.\, 93) = 2\,986$ J.mol^{-1}, soit environ 3 kJ.mol^{-1}
Comme $\Delta G > 0$: la réaction n'est pas spontanée.

2. L'équilibre a lieu lorsque $\Delta G = 0$, soit pour $\Delta H = T\,\Delta S$
$T = 30\,700 / 93 = 330{,}1$ K.

109

1. $\Delta G = \Delta H - T\,\Delta S$
$\Delta S^0_{298K} = (\Delta H^0_{298K} - \Delta G^0_{298K}) / T$
$= [(-2\,826\,000) - (-2\,867\,000)] / 298 = 138$ J.K^{-1}

2. $\Delta S'^0_{298K} = (176\,000 - 57\,000) / 298 = 399$ J.K^{-1}
La variation d'entropie est plus élevée lors de la dénaturation de la myoglobine car le désordre engendré est plus important avec la libération d'un très grand nombre de molécules alors que la combustion d'une mole de glucose ne conduit qu'à 6 moles de dioxyde de carbone et d'eau.

6.

Équilibres chimiques

QCM

67. Notion d'équilibre

Soit à 25 °C la réaction d'estérification de l'acide éthanoïque par l'éthanol :
$C_2H_5OH + CH_3CO_2H \leftrightarrow CH_3CO_2C_2H_5 + H_2O$

A. On introduit initialement n moles de C_2H_5OH et de CH_3CO_2H ; au bout d'un certain temps, la réaction n'évolue plus. Il est apparu x moles de $CH_3CO_2C_2H_5$ et H_2O. Il reste donc (n – x) moles de C_2H_5OH et CH_3CO_2H. La réaction est donc limitée ☐ ☒

B. On introduit initialement n moles de $CH_3CO_2C_2H_5$ et H_2O ; au bout d'un certain temps, cette réaction inverse n'évolue plus. Il est apparu y moles de C_2H_5OH et CH_3CO_2H. Il reste (n – y) moles de $CH_3CO_2C_2H_5$ et H_2O. On a donc : (n – x) = (n – y) ☐ ☐[1]

C. Cette réaction est une réaction chimique équilibrée, c'est-à-dire une réaction limitée et réversible. Il s'agit d'un équilibre dynamique car les 2 réactions inverses l'une de l'autre continuent à avoir lieu et leur vitesse est égale ☐ ☒

D. Pour obtenir un rendement supérieur en ester, on ajoute des ions hydronium comme catalyseur ☐ ☐[2]

68. Lois qualitatives (systèmes homogènes liquides)

On considère à 25 °C et sous 1 atm la réaction d'estérification :
$C_2H_5OH + CH_3CO_2H \leftrightarrow CH_3CO_2C_2H_5 + H_2O$ qui est athermique

A. On chauffe le système qui passe à 35 °C, la réaction se déplace vers la droite ☐ ☐[3]

B. On opère dans un autoclave à 25 °C mais sous une pression de 10 atm, l'équilibre n'évolue pas ☐ ☒

C. Pour augmenter le rendement en ester, on fait disparaître le plus rapidement possible l'eau et l'ester formé ☐ ☒

D. On double la quantité initiale d'acide par rapport à celle de l'alcool, la réaction se déplace vers la gauche ☐ ☐[4]

69. Lois qualitatives (systèmes homogènes gazeux)

On considère à 25 °C et sous 1 atm, l'équilibre : $N_2O_4 \leftrightarrow 2\ NO_2$; $\Delta H^\circ_{298K} = 58$ kJ. Les modifications suivantes déplacent la réaction d'équilibre vers la droite :

A. Quand on ajoute N_2O_4 ☐ ☒

B. Quand on élimine NO_2 ☐ ☒

C. Quand on diminue la température ☐ ☐[5]

D. Quand on opère sous une pression totale de 10 atm ☐ ☐[5]

E. Quand on ajoute de l'azote à pression totale constante ☐ ☒

F. Quand on ajoute un catalyseur ☐ ☐[6]

1) x = n – y et y = n – x.
2) Le catalyseur permet uniquement d'atteindre plus rapidement l'état d'équilibre.
3) Cela n'a aucun effet.
4) Elle se déplace vers la droite.
5) La réaction sera déplacée vers la gauche.
6) C'est sans effet sur le déplacement.

70. Lois qualitatives (systèmes hétérogènes)

Dans un réacteur fermé à 20 °C, on considère l'équilibre : $H_{2g} + S_s \leftrightarrow H_2S_g$; $\Delta H^\circ_{293K} = -20$ kJ. Les modifications suivantes déplacent la réaction d'équilibre vers la droite :

- [ ][1] [ ] A. Quand on augmente la température
- [ ][2] [ ] B. Quand on augmente la pression totale
- [X] [ ] C. Quand on ajoute de l'hydrogène
- [ ][2] [ ] D. Quand on ajoute du soufre
- [ ][2] [ ] E. Quand on ajoute de l'azote à volume constant
- [ ][2] [ ] F. Quand on ajoute un catalyseur

71. Loi d'action de masse relative aux pressions partielles (systèmes homogènes)

Quelles sont, à une température T, les expressions correctes des constantes d'équilibre Kp correspondant aux réactions équilibrées suivantes ?

- [ ][3] [ ] A. $N_{2g} + O_{2g} \leftrightarrow 2\ NO_g$; $Kp = p_{NO} / (p_{N_2}.p_{O_2})$
- [X] [ ] B. $2\ C_2H_{4g} + 2\ H_2O_g \leftrightarrow 2\ C_2H_{6g} + O_{2g}$; $Kp = (p^2{}_{C_2H_6} \cdot p_{O_2}) / (p^2{}_{C_2H_4} \cdot p^2{}_{H_2O})$
- [X] [ ] C. $C_2H_{4g} + H_2O_g \leftrightarrow C_2H_{6g} + 1/2\ O_{2g}$; $Kp = (p_{C_2H_6} \cdot p^{1/2}{}_{O_2}) / (p_{C_2H_6} \cdot p_{H_2O})$
- [ ][4] [ ] D. $2\ NO_g + 2\ H_{2g} \leftrightarrow N_{2g} + 2\ H_2O_g$; $Kp = (p_{NO} \cdot p_{H_2}) / (p_{N_2} \cdot p_{H_2O})$
- [X] [ ] E. $2\ Cl_{2g} + 2\ H_2O_g \leftrightarrow 4\ HCl_g + O_{2g}$; $Kp = (p^4{}_{HCl} \cdot p_{O_2}) / (p^2{}_{Cl_2} \cdot p^2{}_{H_2O})$

72. Loi d'action de masse relative aux concentrations molaires (systèmes homogènes)

Quelles sont, à une température T, les expressions correctes des constantes d'équilibre Kc correspondant aux réactions équilibrées suivantes ?

- [ ][5] [ ] A. $N_2H_{4g} \leftrightarrow N_{2g} + 2\ H_{2g}$; $Kc = [N_2H_4] / ([N_2] . [H_2]^2)$
- [ ][6] [ ] B. $CH_3CO_2H + CH_3OH \leftrightarrow CH_3CO_2CH_3 + H_2O$; $Kc = [CH_3CO_2CH_3] / ([CH_3CO_2H] . [CH_3OH])$
- [X] [ ] C. acide fumarique + glucose ↔ acide malique en milieu aqueux ; Kc = [a. malique] / ([a. fumarique] . [glucose])
- [X] [ ] D. ATP + glucose ↔ ADP + Glucose-6phosphate ; Kc = ([ADP] . [Glucose-6phosphate]) / ([ATP] . [glucose])
- [ ][7] [ ] E. $2\ ADP^{3-} \leftrightarrow ATP^{4-} + AMP^{2-}$; $Kc = ([ATP^{4-}] . [AMP^{2-}]) / [ADP^{3-}]$

1) La réaction sera déplacée vers la gauche.
2) C'est sans effet sur le déplacement.
3) $Kp = p^2{}_{NO} / (p_{N_2} \cdot p_{O_2})$.
4) $Kp = (p_{N_2} \cdot p^2{}_{H_2O}) / (p^2{}_{NO} \cdot p^2{}_{H_2})$.
5) $Kc = ([N_2] \cdot [H_2]^2) / [N_2H_4])$.
6) Dans ce cas ,il faut intégrer l'eau : $Kc = ([CH_3CO_2CH_3] \cdot [H_2O]) / ([CH_3CO_2H] \cdot [CH_3OH])$.
7) $Kc = ([ATP^{4-}] \cdot [AMP^{2-}]) / [ADP^{3-}]^2$.

73. **Loi d'action de masse appliquée aux équilibres hétérogènes (Kp)**

Quelles sont, à une température T, les expressions correctes des constantes d'équilibre suivantes ?

A. $C_S + H_20_g \leftrightarrow CO_g + H_{2g}$; $Kp = (p_{CO} \cdot p_{H_2}) / (p_C \cdot p_{H_2O})$ ☐ ☐ 1
B. $2\ CuBr_{2S} \leftrightarrow 2\ CuBr_S + Br_{2g}$; $Kp = p_{Br2}$ ☐ ☒
C. $2\ Ag_2CO_{3S} \leftrightarrow 4\ Ag_S + 2\ CO_{2g} + O_{2g}$; $Kp = p_{CO_2} \cdot p_{O_2}$ ☐ ☐ 2
D. $6\ Ca_S + 2\ NH_{3g} \leftrightarrow 3\ CaH_{2S} + Ca_3N_{2S}$; $Kp = 1 / p^2_{NH_3}$ ☐ ☒
E. $Ti_S + 2\ Cl_{2g} \leftrightarrow TiCl_{4l}$; $Kp = [TiCl_4] / p^2_{Cl_2}$ ☐ ☐ 3

74. **Loi d'action de masse appliquée aux systèmes hétérogènes (Kc)**

Quelles sont, à une température T, les expressions correctes des constantes d'équilibre suivantes ?

A. $NH_4SH_S \leftrightarrow NH_{3g} + H_2S_g$; $Kc = [NH_3] . [H_2S]$ ☐ ☒
B. $2\ KClO_{3S} \leftrightarrow 2\ KCl_S + 3\ O_{2g}$; $Kc = [O_2]$ ☐ ☐ 4
C. $Ti_S + 2\ Cl_{2g} \leftrightarrow TiCl_{4l}$; $Kc = [TiCl_4] / [Cl_2]^2$ ☐ ☐ 5
D. $2\ Ag_S + Cl_{2g} \leftrightarrow 2\ AgCl_S$; $Kc = 1 / [Cl_2]$ ☐ ☒
E. $CO_{2g} + H_{2g} \leftrightarrow CO_g + H_2O_l$; $Kc = [CO] / ([CO_2] . [H_2])$ ☐ ☒
F. $PCl_{5S} \leftrightarrow PCl_{3l} + Cl_{2g}$; $Kc = [Cl_2]$ ☐ ☒

75. **Calcul des constantes d'équilibre**

A. Dans l'expression d'un Kp à une température T, les pressions partielles sont exprimées uniquement en atm ☐ ☒
B. Dans l'expression d'un Kc à une température T, les concentrations molaires sont exprimées en g/l ☐ ☐ 6
C. Les valeurs des constantes d'équilibre sont données sans unité ☐ ☒
D. À 700 °C, $SO_{2g} + 1/2\ O_{2g} \leftrightarrow SO_{3g}$; $Kc = 20{,}4$. On en déduit qu'à 700 °C, $SO_{3g} \leftrightarrow SO_{2g} + 1/2\ O_{2g}$; $K'c = 4{,}9.10^{-2}$, et $2\ SO_{2g} + O_{2g} \leftrightarrow 2\ SO_{3g}$; $K''c = 416$ ☐ ☒
E. Connaissant Kp à T_0, on peut déterminer Kp à T, en utilisant la relation : $\ln (Kp_T / Kp_{T_0}) = (-\Delta G/R)(1/T - 1/T_0)$ ☐ ☐ 7

1) $Kp = (p_{CO} \cdot p^2_{H_2}) / p_{H_2O}$.
2) $Kp = p^2_{CO_2} \cdot p_{O_2}$.
3) $Kp = 1 / p^2_{Cl_2}$.
4) $Kc = [O_2]^3$.
5) $Kc = 1 / [Cl_2]^2$.
6) Elles sont exprimées en mol/L.
7) $\ln (Kp_T / Kp_{T_0}) = (-\Delta H / R)(1/T - 1/T_0)$; (ΔH : valeur moyenne constante entre T_0 et T).

76. Calcul des constantes d'équilibre. Applications

☐[1] ☐ A. À 425 °C : $2\ HI_g \leftrightarrow H_{2g} + I_{2g}$; à l'équilibre : $[HI] = 3{,}5.10^{-2}$ mol.L^{-1}, $[H_2] = [I_2] = 4{,}8.10^{-4}$ mol.L^{-1}. On en déduit que $Kc = 6{,}6.10^{-5}$

☒ ☐ B. 130 °C : $2\ NO_g + Cl_{2g} \leftrightarrow 2\ NOCl_g$; à l'équilibre : $p_{NO} = 0{,}095$ atm, $p_{Cl_2} = 0{,}171$ atm, $p_{NOCl} = 0{,}28$ atm. On en déduit que $Kp = 52$

☐[2] ☐ C. En milieu aqueux, une protéine P se lie à une molécule S pour former un ensemble P–S. À l'état d'équilibre et à 25 °C, $[P\text{–}S] = 1{,}5.10^{-3}$ mol.L^{-1}, sachant qu'à l'état initial, on avait : $[P]_0 = 2.10^{-10}$ mol.L^{-1} et $[S]_0 = 5.10^{-10}$ mol.L^{-1}. On en déduit que $Kc = 1{,}5\ 10^9$

☒ ☐ D. En phase aqueuse, on introduit 0,1 mole d'acide malique dans 1 L de solution ; il donne lieu à la réaction équilibrée : acide malique $\leftrightarrow$ acide fumarique + H_2O. À l'état d'équilibre, à une température T, on trouve 0,02 L mole d'acide fumarique. On en déduit que $Kc = 3{,}55$

☐[3] ☐ E. On introduit, à 25 °C, dans un réacteur initialement vide, NH_4HS_s qui réagit suivant la réaction équilibrée : $NH_4HS_s \leftrightarrow NH_{3g} + H_2S_g$. À l'équilibre, la pression totale est de 0,614 atm. On en déduit que $Kp = 0{,}307$

77. Est-on à l'état d'équilibre ?

On étudie à 700 K, la réaction équilibrée : $2\ NO_g + Cl_{2g} \leftrightarrow 2\ NOCl_g$; $Kp = 0{,}26$

☒ ☐ A. $p_{NO} = 0{,}12$ atm, $p_{Cl_2} = 0{,}10$ atm, $p_{NOCl} = 0{,}05$ atm

☐ ☐ B. $p_{NO} =$ à,15 atm, $p_{Cl_2} = 0{,}20$ atm, $p_{NOCl} = 5.10^{-3}$ atm

On étudie à 1 173 K dans un réacteur de 10 L la réaction équilibrée : $CaCO_{3s} \leftrightarrow CaO_s + CO_{2g}$; $Kc = 1{,}1.10^{-2}$

☐ ☐ C. 25 g de $CaCO_3$, 25 g de CaO, 15 g de CO_2

☒ ☐ D. 1,5 g de $CaCO_3$, 15 g de CaO, 4,75 g de CO_2

78. Relation entre Kp et Kc

☐[4] ☐ A. À 375 K : $2\ NOBr_g \leftrightarrow 2\ NO_g + Br_{2g}$; $Kc = 6{,}5.10^{-2}$, donc $Kp = 203$

☐[5] ☐ B. À 60 °C : $PH_3BCl_{3s} \leftrightarrow PH_{3g} + BCl_{3g}$; $Kp = 5{,}2.10^{-2}$, donc $Kc = 1{,}9.10^{-3}$

☒ ☐ C. À 2 000 °C : $2\ NO_g \leftrightarrow N_{2g} + O_{2g}$; $Kc = 2{,}4.10^{-3} = Kp$

☒ ☐ D. À 1 150 K : $C_s + CO_{2g} \leftrightarrow 2\ CO_g$; $Kp = 22{,}4$, donc $Kc = 0{,}24$

☐[6] ☐ E. À 427 °C : $CCl_{4g} \leftrightarrow C_s + 2\ Cl_{2g}$; $Kp = 0{,}76$, donc $Kc = 2{,}2.10^{-2}$

1) $Kc = 1{,}8.10^{-2}$.
2) $Kc = 8{,}6.10^{9}$.
3) $Kp = 9{,}4.10^{-2}$.
4) $Kp = 2$.
5) $Kc = 7.10^{-5}$.
6) $Kc = 1{,}3.10^{-2}$.

QCM

79. Calcul des constantes d'équilibre à partir des données thermodynamiques

A. À 298 K : $I_{2g} + H_{2g} \leftrightarrow 2\ IH_g$; $\Delta G°_{298K} = -16,8$ kJ. On en déduit que Kp = 6,8 ☐ ☐

B. À 298 K : saccharose + eau ↔ glucose + fructose ; $\Delta G°_{298K} = -27,6\ kJ.mol^{-1}$. On en déduit que $Kc = 7.10^4$ ☐ ☒

C. À 800 K, on introduit dans un réacteur initialement vide du carbonate de calcium : $CaCO_{3s} \leftrightarrow CaO_s + CO_{2g}$; à l'état d'équilibre, on note que $p_{CO2} = 5,7.10^{-4}$ atm. On en déduit que $\Delta G°_{800K} = 641$ J ☐ ☐[2]

D. À 25 °C : $2\ ADP^{3-} \leftrightarrow ATP^{4-} + AMP^{2-}$; $\Delta G°_{298K} = -7\ kJ.mol^{-1}$. On en déduit que Kc = 20 ☐ ☒

E. À 25 °C : $Ag_2O_s \leftrightarrow 2\ Ag_s + 1/2\ O_{2g}$; $\Delta G°_f(Ag_2O_s) = -11,20\ kJ.mol^{-1}$. On en déduit que $Kp = 1,1.10^{-2}$ ☐ ☒

80. Bilan de matière à l'état d'équilibre (Kc)

A. On introduit 4.10^{-2} mole de IBr dans un réacteur de 1 l à 150 °C : $2\ IBr_g \leftrightarrow I_{2g} + Br_{2g}$; $Kc = 8,5.10^{-3}$. À l'état d'équilibre, il reste $3,7.10^{-2}$ mole de Ibr ☐ ☐[3]

B. À 1 100 K, on introduit, dans un réacteur initialement vide de 1 L, 10^{-2} mole de SO_3 : $2\ SO_{3g} \leftrightarrow 2\ SO_{2g} + O_{2g}$; $Kc = 4,7.10^{-2}$. À l'équilibre, il y a 8.10^{-3} mole de SO_2 ☐ ☒

C. À 300 K, on étudie la réaction : H_3BO_3 + glycérine ↔ {H_3BO_3 –glycérine} ; Kc = 0,9. À l'état initial : $[H_3BO_3]_0 = 0,1\ mol.L^{-1}$, $[glycerine]_0 = 1,73\ mol.L^{-1}$. À l'état d'équilibre, il y a 0,6 mol/L de {H_3BO_3–glycérine} ☐ ☐[4]

D. À 310 K, pH = 7, on étudie la réaction :

G1P ↔ G6P Kc = 19
(glucose 1-phosphate) (glucose 6-phosphate)

À l'état initial : $[G1P]_0 = 1,5.10^{-2}\ mol.L^{-1}$. À l'état d'équilibre, il reste $7,5.10^{-5}$ mol/L de G1P ☐ ☒

E. À 25 °C, on étudie la réaction : $C_6H_{12}O_6 \leftrightarrow 6\ HCHO$; $Kc = 2.10^{-23}$. À l'état initial, on introduit 0,5 mole de $C_6H_{12}O_6$ dans 0,5 l. À l'état d'équilibre : $[HCHO] = 10^{-6}\ mol.L^{-1}$ ☐ ☐[5]

1) Kp = 870.
2) $\Delta G°_{800K} = 49,7\ kJ.mol^{-1}$.
3) À l'état d'équilibre, il reste $3,4.10^{-2}$ mole de Ibr.
4) À l'état d'équilibre, il y a 0,06 mole de {H_3BO_3-glycérine.
5) À l'état d'équilibre : [HCHO] = 8 ;10^{-5} mol.L^{-1}.

81. Bilan de matière à l'état d'équilibre (Kp)

☐[1]	☐	A. À 800 K : $CaCO_{3s} \leftrightarrow CaO_s + CO_{2g}$; $Kp = 5{,}7.10^{-4}$. À l'état d'équilibre $p_{CO_2} = 5{,}7.10^{-4}$ Pa
☒	☐	B. À 500 K : $2\ NO_g + Cl_{2g} \leftrightarrow 2\ NOCl_g$. $Kp = 52$. À l'état d'équilibre : $p_{NO} = 0{,}095$ atm , $p_{Cl_2} = 0{,}171$ atm. On en déduit que $p_{NOCl} = 0{,}28$ atm
☒	☐	C. L'azote réagit dans l'air avec l'oxygène à haute température pour donner du monoxyde d'azote NO suivant une réaction d'équilibre. À 2000 K : $Kp = 4.10^{-4}$. On en déduit que le pourcentage de NO dans l'air à cette température est de 0,8 %
☐[2]	☐	D. On introduit $C_2H_5NH_2$ dans un réacteur initialement vide sous une pression de 2 atm et à une température de 230 °C : $C_2H_5NH_{2g} \leftrightarrow C_2H_{4g} + NH_{3g}$; $Kp = 1{,}8$. À l'état d'équilibre, la pression totale est de 2,6 atm
☒	☐	E. À 200 K, on introduit dans un réacteur initialement vide du tétrachlorure de carbone sous une pression de 2 atm : $CCl_{4g} \leftrightarrow C_s + 2\ Cl_{2g}$; $Kp = 0{,}76$. À l'état d'équilibre, $p_{Cl_2} = 1{,}06$ atm
☒	☐	F. À 298 K, on introduit dans un réacteur de 24,5 L, 0,50 mole d'ammoniac et 0,25 mole de dioxyde de carbone pour étudier la réaction équilibrée : $2\ NH_{3g} + CO_{2g} \leftrightarrow CO(NH_2)_{2s} + H_2O_l$; $Kp = 0{,}49$. À l'état d'équilibre, le nombre de moles d'urée formé est de 0,023

1) $p_{CO} = 5{,}7.10^{-4}$ atm.
2) La pression totale, à l'état d'équilibre, est de 3,2 atm.

110

On considère, dans les conditions standard, la réaction équilibrée suivante :

$4\ HCl_g + O_{2g} \leftrightarrow 2\ Cl_{2g} + 2\ H_2O_g$ $\Delta H^0_{298K} = -\ 114$ kJ

1. Définir l'état d'équilibre en fonction des données suivantes :

	4 HCl	+	O_2	$\leftrightarrow$	2 Cl_2	+	2 H_2O
<u>État initial</u>	0,3 mol		0,1 mol		0		0
<u>État équilibre</u>	?		?		?		0,1 mol

2. Dans quel sens (droite ou gauche) l'équilibre se déplace-t-il ?
- si on élève la température ;
- si on augmente la pression totale ;
- si on utilise de l'air pour introduire l'oxygène à pression totale constante ;
- si on utilise un catalyseur ;
- si on élimine l'eau formée.

3. Calculer et exprimer Kp_{298K} ($\Delta S^0_{298K} = -\ 129$ J.K^{-1}).

4. Calculer et exprimer $Kc_{298K.}$

111

Le pentachlorure de phosphore se dissocie en trichlorure de phosphore et chlore. Cette réaction tend vers un équilibre chimique.

1. Écrire l'équation-bilan de cette réaction (tous les corps sont à l'état gazeux).

2. Exprimer la constante d'équilibre Kp à une température T.

3. Exprimer Kp en fonction de la pression totale P et du coefficient de dissociation α du pentachlorure de phosphore.

112

À une température T, une réaction réversible est initiée avec 1 mole de A et 1 mole de B. À l'équilibre, on a 0,8 mole de C et 0,8 mole de D.

1. Calculer la constante d'équilibre Kc à T.

2. L'addition de 1 mole de C et de 1 mole de D à la réaction précédente, parvenue à l'équilibre, conduit à un rétablissement d'équilibre. Calculer A à l'état d'équilibre.

113

On considère à 727 °C la réaction en phase gazeuse sous une pression totale P = 1 atm :

$CO + H_2O \leftrightarrow CO_2 + H_2$ $\Delta H^0_{1000K} = -\ 41{,}2$ kJ

Les valeurs des entropies molaires à 1 000 K, en J.K^{-1}, de CO, H_2O, CO_2 et H_2 sont respectivement de : 233, 234, 259 et 166.

Déterminer les pressions partielles de chacun des constituants de cette réaction à l'état d'équilibre, sachant qu'à l'état initial on a introduit 1 mole de CO et 2 moles de H_2O.

114

On considère dans les conditions standard la réaction :
Glycine + tryptophane ↔ glycyl-DL tryptophane + H_2O

1. Exprimer et calculer Kc de cette réaction.
2. Calculer Kp.
3. Dans quel sens l'équilibre se déplace-t-il si on augmente la température ?
($\Delta H^0_{298K} = 43$ kJ ; $\Delta S^0_{298K} = 42$ J.K^{-1})

115

On considère, à 700 K et sous une pression de 200 atm, la réaction :
$CO + 2\ H_2 \leftrightarrow CH_3OH$ $\quad Kp = 2.10^{-3}$
Calculer p(CO), p(H_2) et p(CH_3OH) à l'état d'équilibre, sachant que l'on fait réagir un mélange équimolaire de monoxyde de carbone et d'hydrogène.

116

Calculer les pourcentages volumiques respectifs de monoxyde de carbone et de dioxyde de carbone en équilibre avec du carbone en excès à 1 100 K sous une pression totale P de 1 atm :
$CO_2 + C_s \leftrightarrow 2\ CO$ $\quad Kp = 10$
À l'état initial, il n'y a pas de monoxyde de carbone.

117

La réduction de l'oxyde de fer F_3O_4 en excès par l'hydrogène à 700 °C et en vase clos se traduit par l'équilibre suivant :
$Fe_3O_{4s} + H_{2g} \leftrightarrow 3\ FeO_s + H_2O_g$ $\quad Kp = 0{,}97$
Calculer la masse de vapeur d'eau et celle d'oxyde de fer (II) à l'état d'équilibre, sachant que l'on a introduit 36 g d'hydrogène.

118

À 70 °C et sous une pression totale de 1 atm, Kp = 3,1 de la réaction équilibrée : $N_2O_{4g} \leftrightarrow 2\ NO_{2g}$ et 66 % de N_2O_4 introduit initialement sont dissociés.

1. Qelle est la valeur de Kp à 70 °C mais sous une pression totale de 10 tm ?
2. l'état d'équilibre, le pourcentage de N_2O_4 dissocié sera-t-il plus ou moins important ?

119

On étudie à 25 °C la réaction d'estérification :

$CH_3CO_2H + CH_3OH \leftrightarrow CH_3COOCH_3 + H_2O$

Initialement, le mélange comporte 1 mole d'acide et 1 mole d'alcool ; à l'état d'équilibre, on trouve 0,3 mole d'acide et d'alcool et 0,7 mole d'ester et d'eau.

1. Calculer Kc à 25 °C.
2. Si à l'état initial, on mélange 2,5 moles d'alcool et 1 mole d'acide, quelle sera la nouvelle composition du mélange à l'état d'équilibre ?

120

Un des maillons du cycle de Krebs comporte les 2 réactions successives suivantes :

citrate $\leftrightarrow$ cis-aconitate $\leftrightarrow$ isocitrate

À 25 °C et pH = 7, on a à l'état d'équilibre 90,9 % de citrate, 2,9 % de cis-aconitate et 6,2 % d'isocitrate.

1. Calculer les constantes d'équilibre Kc_1 et Kc_2 des 2 réactions successives
2. Calculer Kc_G de la réaction globale : citrate $\leftrightarrow$ isocitrate.

121

Le monoxyde de carbone est en compétition avec l'oxygène pour se fixer sur la molécule d'hémoglobine. De fait, on peut considérer directement la réaction équilibrée entre l'oxyhémoglobine et le monoxyde de carbone :

$HbO_2 + CO \leftrightarrow HbCO + O_2$ $\qquad Kc_{37°C} = 210$

1. En supposant que les coefficients de solubilité dans le sang de ces 2 gaz sont identiques à 37 °C et que de l'air vicié comporte 0,1 % de monoxyde de carbone, quels sont les pourcentages relatifs d'oxyhémoglobine et de carboxyhémoglobine dans le sang ?
2. La réaction : $Hb + O_2 \leftrightarrow HbO_2$ est exothermique. Un malade qui a 40 °C de fièvre a-t-il son sang plus ou moins oxygéné qu'à 37 °C ?
3. En altitude, que peut-on dire de l'oxygénation du sang ?

122

On étudie la réaction : saccharose + eau $\leftrightarrow$ glucose + fructose

$\Delta G^0_{298K} = -27,6$ kJ

1. La réaction est-elle spontanée dans les conditions standard ?
2. Calculer Kc à 298 K.
3. En supposant que la concentration initiale en saccharose est de 10^{-6} mol.L^{-1}, pour quelles concentrations, supposées égales, en fructose et glucose la réaction inverse : fructose + glucose $\leftrightarrow$ saccharose + eau est-elle spontanée ?

123

À 1 000 K, on a déterminé les constantes des équilibres :
$2\ CO_2 \leftrightarrow 2\ CO + O_2$ $Kp_1 = 4.10^{-21}$
$2\ SO_2 + O_2 \leftrightarrow 2\ SO_3$ $kp_2 = 3{,}45$
En déduire Kp_3 de la réaction : $SO_2 + O_2 \leftrightarrow SO_3 + CO$.

124

On utilise souvent des relations déterminées expérimentalement pour calculer la valeur d'une constante d'équilibre à différentes temperatures. Par exemple, pour la réaction :
$N_2 + 3\ H_2 \leftrightarrow 2\ NH_3$
$\ln Kp = -\ 26{,}70 + (12\ 050 / T)$
Calculer $Kp_{100°C}$ et $Kp_{500°C}$ de cette réaction.

125

Soit la réaction :
$N_2O_4 \leftrightarrow 2\ NO_2$ $Kp_{300K} = 1{,}66.10^{-1}$
Calculer Kp_{350K} ($\Delta H^0 = 61{,}9$ kJ.mol^{-1} : valeur moyenne entre 300 K et 350 K).

126

Soit la réaction :
$I_{2g} + H_{2g} \leftrightarrow 2\ IH_g$
$Kp_{458°C} = 49$ et $Kp_{491°C} = 46$
Calculer ΔH^0 de cette réaction.

110

1.

	$4\ HCl$	+	O_2	$\leftrightarrow$	$2\ Cl_2$	+	$2\ H_2O$
État équilibre :	0,2 mol		0,05 mol		0,1 mol		0,1 mol

2. – T ↑ : gauche (sens réaction endothermique)
– P ↑ : droite (sens diminution du nombre de moles gazeuses)
– air : gauche (équivalent à une diminution de la pression totale)
– aucun effet
– droite (formation du corps que l'on fait disparaître)

3. $\Delta G^0_{298K} = \Delta H^0_{298K} - T\ .\ \Delta S^0_{298K}$
$\ln Kp = -\ \Delta G^0_{298K} / (R\ .\ T)$
$\Delta G^0_{298K} = -114\ 000 - [298\ .\ (-\ 129)] = -\ 75\ 558$ J, soit – 76 kJ
$\ln Kp = -\ (-\ 76\ 000) / (8{,}31\ .\ 298) = 30$; $Kp = 1{,}1.10^{13}$
$Kp = [p^2(Cl_2)\ .\ p^2(H_2O)] / [p^4(HCl)\ .\ p(O_2)]$

4. $Kc = Kp / (R\ .\ T)^{\Delta n}$
$\Delta n = 4 - 5 = -\ 1$
$Kc = Kp\ .\ R\ .T = 1{,}1.10^{13}\ .\ 0{,}082\ .\ 298 = 2{,}7.10^{14}$

111

1. $PCl_5 \leftrightarrow PCl_3 + Cl_2$

2. $Kp = p(PCl_3) . p(Cl_2) / p(PCl_5)$

3.

	PCl_5	$\leftrightarrow$	PCl_3	+	Cl_2
État initial	n		0		0
État équilibre	n (1 – α)		n α		n α

$p(PCl_5) / n(1 - \alpha) = p(PCl_3) / n\,\alpha = p(Cl_2) / n\,\alpha = P / n\,(1 + \alpha)$

$p(PCl_5) = (1 - \alpha)\,P / (1 + \alpha)$

$p(PCl_3) = \alpha\,P / (1 + \alpha)$; $p(Cl_2) = \alpha\,P / (1 + \alpha)$

$Kp = \alpha^2\,P / (1 - \alpha^2)$

112

1.

	A	+	B	$\leftrightarrow$	C	+	D
État initial	1		1		0		0
État équilibre	0,2		0,2		0,8		0,8

$Kc = ([C] .[D]) / ([A] . [B])$

$Kc = [(0{,}8/V) . (0{,}8/V)] / [(0{,}2/V) . (0{,}2/V)] = 16$ (V : volume du système)

2.

	A	+	B	$\leftrightarrow$	C	+	D
État initial	0,2		0,2		1,8		1,8
État équilibre	0,2 + 1,8 x		0,2 + 1,8 x		1,8 (1 – x)		1,8 (1 – x)

$Kc = [1{,}8\,(1 - x)]^2 / (0{,}2 + 1{,}8\,x)^2 = 16$

$x = 1 / 9$; $A = 0{,}2 + (1{,}8 . 1/9) = 0{,}4$ mole

113

$\Delta S^0_{1000K} = s^0(CO_2) + s^0(H_2) - [s^0(CO) + s^0(H_2O)]$

$= 259 + 166 - (233 + 234) = - 42\ J.K^{-1}$

$\Delta G^0_{1000K} = \Delta H^0_{1000K} - T . \Delta S^0_{1000K}$

$= - 41\,200 - [1\,000 . (- 42)] = 800\ J$

$\ln Kp = - \Delta G^0_{1000K} / (R . T) = (- 800) / (8{,}31 . 1\,000) = - 0{,}096$

$Kp = 0{,}9$

	CO	+	H_2O	$\leftrightarrow$	CO_2	+	H_2
État initial	1		2		0		0
État équilibre	1 – x		2 – x		x		x

$Kp = [p(CO_2) . p(H_2)] / [p(CO) . p(H_2O)]$

$p(CO) / (1 - x) = p(H_2O) / (2 - x) = p(CO_2) / x = p(H_2) / x = P / 3$

$Kp = x^2 / [(1 - x)\,(2 - x)] = 0{,}9$; $x = 0{,}425$

$p(CO) = 0{,}19$ atm ; $p(H_2O) = 0{,}53$ atm ; $p(CO_2) = p(H_2) = 0{,}14$ atm

114

1. $Kc = ([\text{glycyl–DL tryptophane}] . [H_2O]) / ([\text{glycine}] . [\text{tryptophane}])$
   $\Delta G^0_{298K} = \Delta H^0_{298K} - T . \Delta S^0_{298K}$
   $= 43\,000 - (298 . 42) = 30\,484$, soit 30 kJ
   $\ln Kc = - \Delta G^0_{298K} / (R . T)$
   $= (- 30\,000) / (8{,}31 . 298) = - 12{,}1$
   $Kc = 4.10^{-6}$
2. Kp = Kc.
3. La réaction étant endothermique, l'équilibre se déplace donc dans ce sens, c'est-à-dire vers la droite, lorsqu'on augmente la température.

115

	CO +	$2H_2$	$\leftrightarrow$ CH_3OH	Total
État initial	n	n	0	2n
État équilibre	n – x	n – 2x	x	2 (n – x)
Pressions partielles	0,5 P	(n – 2x) P / 2(n – x)	x P / 2(n – x)	P

On pose : n = 1 ; p(CO) = 100 atm

$Kp = p(CH_3OH) / [(p(CO). p^2(H_2)]$

$= [x / (1 - x)] / [1/4 . ((1 - 2x) / (1 - x))^2. P^2]$

x = 0,444 : $p(CH_3OH) = 80$ atm, $p(H_2) = 20$ atm

116

	CO_2	+ C	$\leftrightarrow$ 2 CO	Total
État initial	n	en excès	0	n
État équilibre	n (1 – α)		2 n α	n (1 + α)
Pressions partielles	(1 – α) / (1 + α)		2 α / (1 + α)	P

$Kp = p^2(CO) / p(CO_2) = 4\,\alpha^2 / (1 - \alpha^2) = 10$; $\alpha = 0{,}85$

% volumique CO_2 : $\{(1 - \alpha) . 100] / (1 + \alpha) = (0{,}15 . 100) / 1{,}85 = 8$ %

% volumique CO : 100 – 8 = 92 %

117

$Kp = p(H_2O) / p(H_2) = 0{,}97$

$p(H_2O) / p(H_2) = n(H_2O) / n(H_2) = 0{,}97$

$n_0(H_2) = 36 / 2 = 18$ moles ; $M(H_2O) = 18$ g.mol^{-1} ;
M(FeO) = 71,8 g.mol^{-1}

Il y a conservation du nombre de moles de gaz : $n(H_2) + n(H_2O) = 18$

$n(H_2O) = 8{,}85$ moles ; $m(H_2O)$ 8,85 . 18 = 159,3 g

$n(FeO) = 3 . n(H_2O) = 3 . 8{,}85 = 26{,}55$ moles ;
m(FeO) = 71,8 . 26,55 = 1 906,3 g

118

1. La valeur de Kp (comme pour Kc) ne dépend que de T : Kp = 3,1.
2. L'équilibre évolue : le pourcentage de N_2O_4 dissocié diminue.

119

1.

	CH_3CO_2H	+ CH_3OH	$\leftrightarrow$ CH_3COOCH_3	+ H_2O
État initial	1	1	0	0
État équilibre	0,3	0,3	0,7	0,7

Kc = $[CH_3COOH][H_2O] / [CH_3CO_2H][CH_3OH]$
= (0,7 .0,7) / (0,3 . 0,3) = 5,44

2.

	CH_3CO_2H	+ CH_3OH	$\leftrightarrow$ CH_3COOCH_3	+ H_2O
État initial	1	2 ,5	0	0
État équilibre	1 – x	2,5 – x	x	x

$Kc = x^2 / [(2,5 - x)(1 - x)] = 5,44$; x = 0,905
À l'équilibre, le mélange comporte : 1,595 moles d'alcool, 0,095 mole d'acide et 0,905 mole d'ester et d'eau.

120

1. citrate $\leftrightarrow$ cis-aconitate : Kc_1 = [cis-aconitate] / [citrate] = 2,9 / 90,9 = 0,032
(il y a une relation de proportionnalité .directe entre les pourcentages et les concentrations molaires).
cis-aconitate $\leftrightarrow$ isocitrate : Kc_2 = [isocitrate] / [cis-aconitate] = 6,2 / 2,9 = 2,14.
2. citrate $\leftrightarrow$ isocitrate : Kc_G = [isocitrate] / [citrate] = $Kc_1 \cdot Kc_2$ = 0,068.

121

1. Le pourcentage d'oxygène dans l'air est de 21 %. On peut donc écrire en admettant que les coefficients de solubilité sont égaux :
$[O_2]_{dissous} / [CO]_{dissous} = 21 / 0,1 = 210$.
Comme Kc = $[HbCO][O_2] / [HbO_2][CO]$ = 210, on a : $[HbCO] / [HbO_2] = 1$.
Dans ces conditions d'intoxication, il y a autant d'oxyhémoglobine que de carboxyhémoglobine. Cela implique une réduction de 50 % de l'oxygénation du sang.
2. L'élévation de la température provoque un déplacement de l'équilibre dans le sens de la réaction endothermique, c'est-à-dire vers la gauche impliquant une diminution de l'oxygénation du sang.
3. Avec l'altitude, la pression totale de l'air diminue donc également la pression partielle en oxygène impliquant une diminution de l'oxygène dissous. L'équilibre qui s'oppose à cette diminution va donc se déplacer vers la gauche pour compenser. En conséquence, l'oxygénation du sang diminue avec l'altitude.

122

1. La variation de l'enthalpie étant négative, la réaction est spontanée dans le sens de la formation du glucose et du fructose.

2. $\ln Kc = (-\Delta G^0_{298K}) / (R.T) = 27\,600 / (8{,}31 . 298) = 11{,}14$; $Kc = 6{,}9.10^4$.

3. L'eau étant le solvant ultramajoritaire dans le milieu : [eau] = 1 000 / 18 = 55,55 $mol.L^{-1}$. La réaction inverse ne peut être spontanée que si la variation d'enthalpie libre ΔG de celle-ci est négative. En conséquence : $\Delta G < 0$ si (ΔG^0_{298K} + R T ln ([saccharose][eau] / [fructose][glucose]) < 0, soit : $[27\,600 + 8{,}31 . 298 \ln (10^{-6} . 55{,}55) / x^2] < 0$; $x^2 > 3{,}8$; $x > 1{,}95$. Les concentrations initiales en fructose et glucose doivent être supérieures à 1,95 $mol.L^{-1}$.

123

$Kp_1 = p^2(CO) . p(O_2) / p^2(CO_2)$

$Kp_2 = p^2(SO_3) / [p^2(SO_2) . p(O_2)]$

$Kp_3 = p(CO) . p(SO_3) / [p(SO_2) . p(O_2)]$

$(Kp_3)^2 = Kp_1 . Kp_2$

$Kp_3 = (Kp_1 . Kp_2)^{1/2}$

$= (4.10^{-21} . 3{,}45)^{1/2} = 1{,}2.10^{-11}$

124

$\ln Kp_{100°C} = -26{,}70 + (12\,050 / 373) = 5{,}60$; $Kp_{100°C} = 272$

$\ln Kp_{500°C} = -26{,}70 + (12\,050 / 773) = -11{,}11$; $Kp_{500°C} = 1{,}5.10^{-5}$

125

$\ln (Kp_{350K} / Kp_{300K}) = (\Delta H^0 / R) . [(1 / 300) - (1 / 350)]$

$= (61\,900 / 8;31) . [(1 / 300) - (1 / 350)] = 3{,}55$

$Kp_{350K} = 34{,}74 . 0{,}166 = 5{,}77$.

126

$\ln (Kp_{491°C} / Kp_{458°C}) = (\Delta H^0 / R) . [(1 / 764) - (1 / 731)]$

$\Delta H^0 = 8{,}31 . \ln (49 / 46) / [(1 / 764) - (1 / 731)] = -8607$ J, soit – 8,6 kJ

Il s'agit de la valeur moyenne entre 731 K et 764 K. Cette méthode peut permettre de déterminer expérimentalement la valeur des enthalpies de réaction.

7.

Équilibres en solution aqueuse

QCM

82. Solutions. Rappels

A. Il faut 1,32 g de lactose $C_{12}H_{22}O_{11}$ pour préparer une solution à 5 % contenant 25 g d'eau

B. Pour préparer une seringue de 345 mL d'une solution injectable de chlorure de sodium à 0,92 %, il faut introduire 3,2 g de NaCl

C. Un cachet d'aspirine de 0,5 g contient 19 µg d'une impureté ; sa concentration est donc de 19 ppm

D. Une fumée de cigarette contient environ 200 ppm de monoxyde de carbone soit 0,2 mL/L de fumée

E. Un flacon de 125 mL d'une solution de vitamine C 0,04 M contient 70,4 g d'acide ascorbique $C_6H_8O_6$ (vitamine C)

F. Les piqûres de certains insectes sont constituées d'une solution d'acide méthanoïque (ou formique) à 40 % en masse et de densité 1,098. La concentration molaire de cette solution est donc de 4,77 $mol.L^{-1}$

83. Solutions ioniques. Rappels

A. À une solution diluée d'acide sulfurique, on ajoute du chlorure de potassium et du sulfate de fer (II) (ou ferreux) ; les ions présents dans la solution sont : Fe^{2+}, K^+, SO_4^{2-} et Cl^-

B. Une solution d'acide éthanoïque 0,75 M contient 240 g d'eau et 10 g d'acide

C. L'anémie est traitée avec des solutions de sulfate de fer (II) de molalité 0,02 mol/kg ; il faut dissoudre 0,70 g de $FeSO_4$ dans 450 mL d'eau

D. Pour préparer 100 mL d'une solution d'hydroxyde de potassium (ou potasse) 0,01 M , il faut 0,56 g de KOH

E. On mélange 100 mL de solution de chlorure d'ammonium 1,25 M à 350 mL à 0,125 M ; la solution finale est donc à 0,375 M

1) La concentration est de 38 ppm.
2) Ce flacon en contient 8,8 g.
3) La concentration est de 8,54 $mol.L^{-1}$
4) Ne pas oublier H_3O^+ et OH^-.
5) Cette solution contient 11,25 g d'acide et 238,75 g d'eau.
6) Il faut 0,056 g de KOH.

84. Électrolytes forts et faibles

- ☐[1] ☐ A. L'acide méthanoïque est un électrolyte fort
- ☐[2] ☐ B. L'éthanolate de sodium est un électrolyte faible
- ☒ ☐ C. Une solution très très diluée de vinaigre se comporte comme une solution d'électrolyte fort
- ☒ ☐ D. La constante Kc d'un électrolyte faible AC à une température T tel que $AC \leftrightarrow A^- + C^+$ est $Kc = ([A^-] . [C^+]) / [AC]$([ ] : concentration molaire volumique en $mol.L^{-1}$)
- ☐[3] ☐ E. L'ionisation en solution d'un électrolyte faible diminue avec la dilution

85. Équations chimiques des solutions ioniques

Quelles sont les équations-bilans ioniques correctes qui résument les équations-bilans chimiques classiques en milieu aqueux ?

- ☒ ☐ A. $KCl_{aq} + CH_3CO_2Ag_{aq} \rightarrow CH_3CO_2Na_{aq} + AgCl_s$
  $Ag^+_{aq} + Cl^-_{aq} \rightarrow AgCl_s$
- ☐[4] ☐ B. $H_2CO_{3aq} + MgCl_{2aq} \rightarrow MgCO_{3s} + 2\ HCl_{aq}$
  $Mg^{2+}_{aq} + CO^{2-}_{3aq} \rightarrow MgCO_{3s}$
- ☒ ☐ C. $2\ HCl_{aq} + Na_2S_{aq} \rightarrow H_2S_g + 2\ NaCl_{aq}$
  $2\ H^+_{aq} + S^{2-}_{aq} \rightarrow H_2S_g$
- ☐[5] ☐ D. $NiO_s + 2\ HNO_{3aq} \rightarrow Ni\ (NO_3)_{2aq} + H_2O_l$
  $O^{2-}_{aq} + 2\ H^+_{aq} \rightarrow H_2O_l$
- ☒ ☐ E. $3\ CaCl_{2aq} + 2\ Na_3PO_{4aq} \rightarrow Ca_3(PO_4)_{2s} + 6\ NaCl_{aq}$
  $3\ Ca^{2+}_{aq} + 2\ PO^{3-}_{4aq} \rightarrow Ca_3(PO_4)_{2s}$

Remarque : *Comme le chapitre concerne les équilibres en solution aqueuse et que tous le ions sont solvatés, nous n'utiliserons plus le symbole aq.*

1) C'est un électrolyte faible.
2) C'est un électrolyte fort.
3) L'ionisation augmente avec la dilution.
4) $H_2CO_{3aq} + Mg^{2+}_{aq} \rightarrow MgCO_{3s} + 2H^+_{aq}$.
5) $NiO_s + 2H^+_{aq} \rightarrow Ni^{2+}_{aq} + H_2O_l$.

86. Produit ionique de l'eau

A. L'équation-bilan de la réaction d'autoprotolyse de l'eau peut s'écrire : $2\ H_2O \leftrightarrow H_3O^+ + OH^-$ ou $H_2O \leftrightarrow H^+ + OH^-$, en prenant en compte pour l'ensemble des ions le phénomène de solvatation ☐ ☒

B. Le produit ionique de l'eau est indépendant de la constante d'équilibre Kc à 25 °C de la réaction d'autoprotolyse ☐ ☐

C. À 25 °C, dans l'eau pure, le produit ionique de l'eau permet d'écrire : $[H_3O^+] = [OH^-] = 10^{-7}$ mol.L^{-1} ☐ ☒

D. À 50 °C, Ke = 5,6.10^{-14}, il y a donc moins d'ions H_3O^+ à 50 °C qu'à 25 °C ☐ ☐

E. À 37 °C, Ke = 2,4.10^{-14} dans le sang et $[OH^-]$ = 6.10^{-7} mol.L^{-1} ; on en déduit que $[H_3O^+]$ = 4.10^{-7} mol.L^{-1} ☐ ☐

87. Notion de pH

A. La relation pH = – log $[H_3O^+]$ est toujours vérifiée ☐ ☐

B. La valeur du pH ne peut pas être négative ni supérieure à 14 ☐ ☐

C. Le pH d'une solution dont $[H_3O^+]$ = 3,7.10^{-9} mol.L^{-1} est de 9,4 ☐ ☐

D. Deux solutions A et B ont leur pH qui passe respectivement de 1,5 à 1 et de 5 à 2 ; la solution B a reçu un apport en ions H_3O^+ plus important que A ☐ ☐

E. Dans une solution obtenue par dissolution d'un cachet d'antiacide, $[OH^-]$ = 1,5.10^{-4} mol.L^{-1} ; son pH est donc de 9,2 ☐ ☒

F. Dans le sang du chien, $[H_3O^+]$ = 1,3.10^{-7} mol.L^{-1} ; son pOH est donc de 6,9 ☐ ☐

1) Non, c'est une expression du Kc qui tient compte de ce que $[H_2O]$ est constante.
2) Il y a plus d'ions H_3O^+.
3) $[H_3O^+]$ = 4.10^{-8} mol.L^{-1}.
4) Non, elle s'applique uniquement aux solutions diluées d'électrolytes.
5) La valeur mesurée peut être négative et supérieure à 14, mais la relation pH = – log $[H_3O^+]$ ne s'applique plus.
6) pH = 8,4.
7) Non, c'est le contraire.
8) pOH = 7,1.

88. pH. Applications

☐[1] ☐ A. Le pH d'une solution d'eau de Javel est de 10,8 ; en conséquence, $[H_3O^+] = 1{,}6.10^{-11}$ et $[OH^-] = 6{,}2.10^{-3}$ mol.L^{-1}

☒ ☐ B. Le pH recommandé pour les eaux de piscine doit être compris entre 7,2 et 7,6, sachant que la limite inférieure peut être 6,8 (irritation des yeux) impliquant les limites suivantes pour les ions H_3O^+ et OH^- :
$1{,}6.10^{-7} < [H_3O^+] < 2{,}5.10^{-8}$ mol.L^{-1}
$6{,}3.10^{-8} < [OH^-] < 4.10^{-7}$ mol.L^{-1}

☐[2] ☐ C. Le pH du sang humain peut être compris entre 6 et 8

☐[3] ☐ D. Pour un sujet normal, le pH du sang humain est de l'ordre de 7,4 ; on en déduit que $[H_3O^+] = 4.10^{-7}$ mol.L^{-1}

89. Mesures du pH

☒ ☐ A. L'incertitude relative commise sur la détermination de $[H_3O^+]$ pour une mesure du pH = 2,7 ± 0,1 d'une solution est de 21 %

☒ ☐ B. La mesure électrique du pH avec un pH-mètre est une application des réactions d'oxydoréduction

☐[4] ☐ C. On ne peut pas mesurer le pH d'une solution avec une seule électrode

Les indicateurs colorés suivants ont pour couleurs et zone de virage :
– hélianthine : pH < 3,2 : rouge ; pH > 4 , 4 : jaune
– bleu de bromothymol : pH < 6 : jaune ; pH > 7,6 : bleu
– phénolphtaleïne : pH < 8 : incolore ; pH > 9,6 : rouge

☒ ☐ D. Une solution est incolore après addition de phénolphtaleïne et bleu après apport de bleu de bromothymol ; le pH de cette solution est compris entre 7,6 et 8

☐[5] ☐ E. Une solution contenant 5.10^{-5} mol.L^{-1} d'ions H_3O^+ est rouge en présence d'hélianthine et bleu en présence de bleu de bromothymol

1) $[OH^-] = 6{,}2 \cdot 10^{-4}$ mol.L^{-1}.
2) Entre 7,38 et 7,52.
3) $[H_3O^+] = 4 \cdot 10^{-8}$ mol.L^{-1}.
4) La présentation est sous la forme d'une électrode mais qui est en réalité constituée de 2 électrodes combinées.
5) La solution est jaune en présence de bleu de bromothymol.

QCM

90. Bilan des espèces chimiques dans une solution aqueuse

A. Pour établir le bilan des espèces chimiques dans une solution, on a la possibilité d'écrire 2 types d'équations :
– constantes d'équilibres
– équation de neutralité électrique de la solution ☐ ☐

B. Dans toutes les solutions aqueuses et dans toutes les conditions, on peut toujours écrire : $Ke = [H_3O^+] . [OH^-] = 10^{-14}$ ☐ ☐

C. Une solution mathématique est toujours possible pour résoudre les systèmes d'équations ☐ ☐

D. Si on dispose de 1 L de solution contenant 0,1 mole de Na_2SO_4 et 0,1 mole de $CaCl_2$, l'équation de neutralité électrique est : $2 [Na^+] + [Ca^{2+}] = 2 [Cl^-] + [SO_4^{2-}]$ ☐ ☐

E. Si une solution aqueuse diluée d'acide sulfurique 0,1 M contient les espèces suivantes : H_3O^+, HSO_4^-, SO_4^{2-} et OH^- ; l'équation de conservation de la matière du groupe d'atomes SO_4 s'écrit : $[HSO_4^-] + [SO_4^{2}] = 0{,}1\ mol.L^{-1}$ ☐ ☒

91. Acides et bases. Couples acidobasiques

A. En solution aqueuse, la définition d'une base par Brönsted – espèce susceptible d'accepter un proton – est équivalente au niveau des conséquences sur une solution aqueuse à celle d'Arrhénius – espèce susceptible de donner naissance à des ions hydroxydes ☐ ☒

Quels sont les couples acide/base ou acidobasiques corrects ?

B. $H_2O \leftrightarrow OH^- + H^+$ ☐ ☒

C. $HCO_3^- \leftrightarrow CO_3^{2-} + H^+$ ☐ ☒

D. $^+H_3N\text{–}CH_2\text{–}COOH \leftrightarrow H_3N\text{–}CH_2\text{–}COO^- + H^+$ ☐ ☐

E. La définition de Lewis d'un acide est : espèce qui peut fournir une paire d'électrons ☐ ☐

1) Il y a également les équations de conservation de la matière.
2) Ke dépend de la température : vrai à 25 °C et toléré à 37 °C.
3) Non, c'est souvent trop complexe ; nécessité de faire des approximations.
4) L'équation de neutralité électrique est : $[H_3O^+] + [Na^+] + 2 [Ca^{2+}] = [OH^-] + [Cl^-] + 2 [SO_4^{2-}]$.
5) $^+H_3N\text{–}CH_2\text{–}COOH \leftrightarrow {}^+H_3N\text{–}CH_2\text{–}COO^- + H^+$.
6) Espèce qui accepte une paire d'électrons.

92. Bases conjuguées. Acides conjugués
Quelles sont les bases conjuguées correctes des acides suivants ?

☒ ☐ A. S^{2-} de HS^-
☐[1] ☐ B. $^+H_3N-CH_2-COO^-$ de $^+H_3N-CH_2-COO^-$
☐[2] ☐ C. PO_4^{3-} de H_3PO_4

Quels sont les acides conjugués corrects des bases suivantes ?

☐[3] ☐ D. H_3O^+ de OH^-
☒ ☐ E. HIO de IO^-
☒ ☐ F. NH_3 de NH_2^-

93. Réactions acidobasiques
Quelles sont les réactions acidobasiques correctes suivantes ?

☐[4] ☐ A. $H_3O^+ + HCO_3^- \leftrightarrow CO_3^{2-} + 2\ H_2O$
☒ ☐ B. $H_3O^+ + HPO_4^{2-} \leftrightarrow H_2PO_4^- + H_2O$
☐[5] ☐ C. $H_3O^+ + H_6C_4O_4 \leftrightarrow H_5C_4O_4^- + H_2O$
☒ ☐ D. $HClO_2 + H_2O \leftrightarrow ClO_2^- + H_3O^+$
☒ ☐ E. $O_2^- + H_2O \leftrightarrow OH^- + OH^-$
☐[6] ☐ F. $HS^- + HSO_4^- \leftrightarrow S^{2-} + H_2SO_4$

94. Acides forts

☒ ☐ A. La base conjuguée d'un acide fort n'est pas prise en compte et la réaction acido-basique est supposée totale
☐[7] ☐ B. Les acides suivants sont tous des acides forts : HNO_3, HCN, HF, HI et $HClO_4$
☒ ☐ C. La concentration molaire volumique d'une solution d'acide nitrique à pH = 2,7 est de $2{,}2.10^{-3}$ mol.L^{-1}
☐[8] ☐ D. On dissout 1,12 L de chlorure d'hydrogène gazeux dans les conditions normales dans 1 L d'eau ; le pH de la solution est de 3
☐[9] ☐ E. Le pH de 500 mL de solution contenant 0,824 g de $HClO_4$ est de 2,1
☐[10] ☐ F. Le pH d'une solution formée en mélangeant 10 mL de HBr 0,01 M et 20 mL de HCl 0,0025 M est de 1,9
☒ ☐ G. Dans le mélange précédent, les ions Br^- et Cl^- sont considérés comme des ions spectateurs ou indifférents

1) $H_2N-CH_2-COO^-$.
2) $H_2PO_4^-$.
3) H_2O.
4) $H_3O^+ + HCO_3^- \leftrightarrow H_2CO_3 + H_2O$.
5) $H_3O^+ + H_5C_4O_5^- \leftrightarrow H_6C_4O_4 + H_2O$.
6) $HS^- + HSO_4^- \leftrightarrow H_2S + SO_4^{2-}$.
7) HCN et HF ne sont pas des acides forts.
8) pH = 1,3.
9) pH = 1,8.
10) pH = 2,3.

QCM

95. Bases fortes

A. La libération d'ions OH^- par certaines bases fortes est limitée par leur solubilité ☐ ☒

B. Dans une solution d'hydroxyde de sodium (ou soude), il y a des ions H_3O^+ ☐ ☒

C. Le pH d'une solution d'hydroxyde de sodium à 6.10^{-5} $mol.L^{-1}$ est de 4,2 ☐ ☐

D. Si on ajoute 0,4 L d'eau pure à 100 mL d'une solution d'hydroxyde de sodium 10^{-5} M, le pH de la solution finale est de 9 ☐ ☐

E. À 25 °C, une solution saturée d'hydroxyde de calcium à un pH de 12,8 ; on en déduit que sa solubilité est de 1,85 g /L ☐ ☒

96. Acides faibles. Constantes d'acidité

A. La valeur de la constante d'acidité Ka de l'acide éthanoïque est toujours égale à $1,8.10^{-5}$ ☐ ☐

B. L'aspirine de formule $ArCO_2H$ est un acide faible ; l'expression de son Ka est : $Ka = ([ArCO_2^-] . [H_3O^+]) / [ArCO_2H]$ ☐ ☒

C. La deuxième acidité de l'acide sulfurique est faible ; sa constante d'acidité est : $Ka = ([SO_4^{2-}] . [H_3O^+]) / [H_2SO_4]$ ☐ ☐

D. Les pKa de l'acide éthanoïque et de l'acide benzoïque sont respectivement de 4,8 et 4,2 ; l'acide éthanoïque est le plus fort des deux ☐ ☐

E. Le pourcentage d'acide fluorhydrique ionisé dans une solution 0,01 M est de 23 % ; on en déduit que la constante d'acidité de cet acide faible est $Ka = 5,3.10^{-4}$ ☐ ☐

F. Le pourcentage d'ionisation de l'acide bromoéthanoïque $CBrH_2CO_2H$ est de 13,2 % dans une solution 0,1 M de cet acide dont le $Ka = 2.10^{-3}$ ☐ ☒

1) pH = 9,8.
2) pH = 9,3.
3) Oui à 25 °C et tolérée en première approximation à 37 °C ; mais Ka, comme toutes les constantes d'équilibres, a sa valeur qui dépend de la température.
4) $Ka = ([SO_4^{2-}] . [H_3O^+])/[HSO_4^-]$.
5) L'acide benzoïque est le plus fort.
6) $Ka = 6,8.10^{-4}$.

97. Polyacides

☒ ☐ A. L'acide carbonique est défini par 2 couples acidobasiques : H_2CO_3/HCO_3^- et HCO_3^-/CO_3^{2-}, et 2 constantes d'acidité Ka_1 et Ka_2 : $Ka_1 = ([HCO_3^-] . [H_3O^+]) / [H_2CO_3]$; $Ka_2 = ([CO_3^{2-}] . [H_3O^+]) / [HCO_3^-]$

☐[1] ☐ B. Dans une solution d'acide carbonique, HCO_3^- se comporte uniquement comme un acide ; on peut écrire : $HCO_3^- + OH^- \leftrightarrow CO_3^{2-} + H_2O$

☐[2] ☐ C. Pour tous les polyacides, la deuxième acidité est négligeable devant la première et éventuellement la troisième devant la deuxième

☒ ☐ D. Dans une solution d'acide carbonique 0,0037 M ($Ka_1 = 4,3.10^{-7}$, $Ka_2 = 5,6.10^{-11}$), le pourcentage d'acide ionisé est de l'ordre de 1,1 %

☐[3] ☐ E. À un pH de l'ordre de 7,4, très voisin de celui du sang, il y a environ 11 fois plus de CO_2 dissous sous forme de H_2CO_3 que d'ions HCO_3^-

98. Acides faibles. Applications

☒ ☐ A. On réalise une solution d'acide éthanoïque à 6 g/L ($Ka = 1,8.10^{-5}$) ; son pH est de 2,9

☐[4] ☐ B. Une solution 0,02 M d'acide oxalique $H_2C_2O_4$ ($Ka_1 = 5,9.10^{-2}$; $Ka_2 = 6,4.10^{-5}$) a un pH = 2

☒ ☐ C. On considère une solution d'acide HClO ($Ka = 3.10^{-8}$) ; son pH est de 4,4

☐ ☐ D. La saccharine $HNC_7H_4SO_3$ est un acide faible (pKa = 11,68) ; une de ses solutions a un pH de 6,3 ; on en déduit que la concentration initiale en saccharine est de 10^{-3} $mol.L^{-1}$

☒ ☐ E. Dans une solution 0,08 M, le pourcentage d'ionisation de l'acide $HCrO_4$ est de 0,19 % ; son Ka est donc égal à 3.10^{-7}

1) On écrit : $HCO_3^- + H_2O \leftrightarrow CO_3^{2-} + H_3O^+$.
2) Vrai pour des polyacides comme H_2CO_3, H_3PO_4, H_2SO_3 ; mais faux pour des molécules comportant 2 ou 3 groupes carboxyles différents comme l'acide oxalique HOOC–COOH par exemple.
3) $[H_2CO_3]/[HCO_3^-] = 9.10^{-2}$.
4) pH = 1,8.
5) Elle est de 10^{-1} $mol.L^{-1}$.

99. Bases faibles. Applications

À 25 °C, la constante de basicité de l'ammoniac Kb = 1,8.10^{-5}

A. Le pH d'une solution 0,1 M de NH_3 est de 11,6 ☐ ☒

B. Le pH d'une solution de NH_3 est de 10,5 ; on en déduit que la concentration molaire initiale de NH_3 est de 6.10^{-1} mol.L^{-1} ☐ ☐

C. Une solution de NH_3 de concentration molaire initiale égale à 2.10^{-7} mol.L^{-1} a un pH = 6,6 ☐ ☐

D. Le pourcentage d'ionisation d'une solution de NH_3 est de 1,07 % ; on en déduit sa concentration molaire initiale : $[NH_3]_0$ = 0,15 mol.L^{-1} ☐ ☒

E. Une solution 0,15 M d'éthylamine (ou aminoéthane) a un pH = 12 ; on en déduit la valeur de sa constante de basicité à 25 °C : Kb = 5,6.10^{-4} ☐ ☒

100. Relation entre Ka et Kb

A. On peut définir la force d'une base faible à partir de la connaissance de la constante d'acidité Ka de son acide conjugué ☐ ☒

B. Soit une base faible B et son acide conjugué BH^+, la somme des 2 réactions $BH^+ \leftrightarrow B + H^+$ et $B + H_2O \leftrightarrow BH^+ + OH^-$ est égale à la réaction d'autoprotolyse de l'eau ☐ ☒

C. À 25 °C, on peut écrire pour un couple acidobasique : pKa + pKb = 14 ☐ ☒

D. La constante d'acidité, à 25 °C, de l'ion ammonium est Ka = 5,6.10^{-11}, sachant que la constante de basicité de sa base conjuguée est Kb = 1,8.10^{-5} ☐ ☐

E. Le pKa de l'acide conjugué de la méthylamine (ou aminométhane) est de 10,7 sachant que le pKb de cette base faible est de 3,3 ☐ ☒

1) Elle est de 6.10^{-3} mol.L^{-1}.
2) pH = 7,4.
3) Ka = 5,6.10^{-10}.

101. Réactions d'hydrolyse

☒ ☐ A. L'action de l'eau sur un sel (composé ionique) est une réaction d'hydrolyse

☐[1] ☐ B. La dissolution d'un sel d'acide fort et de base forte dans l'eau implique 2 réactions d'hydrolyse

☐[2] ☐ C. La dissolution dans l'eau de l'éthanoate de sodium conduit à une réaction d'hydrolyse équivalente à une réaction acidobasique entre un acide faible et l'eau

☒ ☐ D. On considère la dissolution dans l'eau de CH_3NH_3Cl ; on peut donc écrire :
- $CH_3NH_3Cl \rightarrow CH_3NH_3^+ + Cl^-$
- $CH_3NH_3^+ + H_2O \leftrightarrow CH_3NH_2 + H_3O^+$

☐[3] ☐ E. Lors de la dissolution dans l'eau de CH_3COONH_4, les réactions d'hydrolyse essentielles sont :
- $CH_3COO^- + H_2O \leftrightarrow CH_3COOH + OH^-$
- $NH_4^+ + H_2O \leftrightarrow NH_3 + H_3O^+$

102. Sels. Applications

☒ ☐ A. Le pH d'une solution de bromure de potassium M est de 7 à 25 °C

☒ ☐ B. Une solution de propanoate de sodium $C_3H_5O_2Na$ 0,85 M a son pH = 9,4 ($Kb = 7{,}7.10^{-10}$)

☒ ☐ C. Le phosphate de sodium Na_3PO_4 est utilisé comme détergent ; une des solutions utilisées a un pH de 12,9 ; on en déduit que sa concentration initiale est de 0,3 mol.L^{-1} (H_3PO_4 : $Ka_1 = 7{,}5.10^{-3}$; $Ka_2 = 6{,}2.10^{-8}$; $Ka_3 = 4{,}2.10^{-13}$)

☐[4] ☐ D. Une solution est constituée d'un mélange de nitrite de sodium $NaNO_2$ 0,1 M et de nitrite de calcium $Ca(NO_2)_2$ 0,2 M ; son pH = 5,5 ($Ka_{(HNO_2)} = 4{,}5.10^{-4}$)

☐[5] ☐ E. Une solution d'un sel d'acide faible et de base faible a un pH qui peut être calculé à partir de la relation : pH = 1/2 (pKa + pKb)

1) Lors de la réaction de dissolution, si le sel est soluble, il y a libération de 2 ions spectateurs ou indifférents qui ne réagissent pas avec l'eau.
2) CH_3COO^- est une base faible et Na^+ un ion indifférent ; la réaction est donc équivalente à une réaction acidobasique entre une base faible et l'eau.
3) Non, car la principale réaction acidobasique a lieu entre l'acide et la base les plus forts, NH_4^+ et CH_3COO^-, qui sont plus forts que l'eau : $NH_4^+ + CH_3COO^- \leftrightarrow NH_3 + CH_3COOH$.
4) pH = 8,5.
5) pH = 1/2 ($pKa_1 + pKa_2$) : pKa_2 de l'acide conjugué de la base.

103. Réactions acides forts/bases fortes. Dosages

A. L'équation-bilan de la réaction en solution aqueuse : $HCl + NaOH \rightarrow NaCl + H_2O$ se résume à : $H^+ + OH^- \leftrightarrow H_2O$ ou $H_3O^+ + OH^- \leftrightarrow 2\ H_2O$ ☐ ☒

À 25 °C, on ajoute un volume V d'une solution de KOH M à 1 L de solution de HNO_3 0,01 M ; on en déduit $[H_3O^+]$ et $[OH^-]$ en négligeant V devant 1 L

B. Vb = 0,5 mL : $[H_3O^+] = 5.10^{-3}$ mol.L^{-1} ; $[OH^-] = 2.10^{-11}$ mol.L^{-1} ☐ ☐

C. Vc = 10 mL : $[H_3O^+] = 10^{-7}$ mol.L^{-1}, $[OH^-] = 10^{-7}$ mol.L^{-1} ; on est à l'équivalence : pH = 7 ☐ ☒

D. Vd = 20 mL : $[H_3O^+] = 10^{-12}$ mol.L^{-1} ; $[OH^-] = 10^{-2}$ mol.L^{-1} ☐ ☒

E. On ne peut pas utiliser l'hélianthine (zone de virage : 3,2 – 4,5) ni la phénolphtaleïne (zone de virage : 8 – 10) lors d'un dosage d'un acide fort par une base forte ☐ ☐

F. Il faut 386 mL de solution d'acide nitrique 0,5 M pour neutraliser 375 mL de solution d'hydroxyde de baryum $Ba(OH)_2$ 0,515 M ☐ ☐

104. Réactions acides faibles/bases fortes. Dosages

A. Les courbes pH = f (v_{OH^-}), établies pour un acide fort – base forte et un acide faible – base forte présentent un domaine commun après le palier d'équivalence ☐ ☒

B. Soit un acide faible HA, l'équation–bilan de la réaction $HA + NaOH \leftrightarrow NaA + H_2O$ se résume à la réaction $HA + OH^- \leftrightarrow A^- + H_2O$ qui peut être considérée comme totale ☐ ☒

C. Il faut ajouter 150 mL de solution de NaOH 0,1 M à 150 mL d'acide nitreux HNO_2 0,05 M pour être à l'équivalence ☐ ☐

D. On ajoute 37,5 mL de solution de NaOH 0,1 M à 150 mL de HNO_2 0 , 05 M ; la valeur mesurée du pH est de 4 ; on en déduit que le pKa de HNO_2 est égal à 4 ☐ ☒

E. Il faut 32,7 mL de KOH 0,105 M pour salifier totalement 50 mL de H_3PO_4 ; on en déduit que $[H_3PO_4] = 0{,}0687$ mol.L^{-1} ☐ ☐

1) $[OH^-] = 2.10^{-12}$ mol.L^{-1}.
2) Le palier d'équivalence est suffisamment important pour inclure les 2 zones de virage.
3) Il faut 772 mL de HNO_3
4) Il faut ajouter 75 mL de NaOH 0,1 M.
5) $[H_3PO_4] = 0{,}0229$ mol.L^{-1}.

105. Courbe pH = f (v_{OH^-}) d'un acide faible

On ajoute un volume V de NaOH 0,1 M à 20 mL de CH_3CO_2H 0,1 M (pKa = 4,8) pour obtenir différentes valeurs du pH. Quelles sont les valeurs de V correctes ?

A. pH = 4 ; V = 4,8 mL [1]
B. pH = 4,8 ; V = 10 mL
C. pH = 7 ; V = 20 mL [2]
D. pH = 8,9 ; V = 20 mL
E. pH = 11 ; V = 20,4 mL

106. Réactions base faible/acide fort. Dosages

A. À l'équivalence, lors de la réaction base faible/acide fort, le pH est celui d'une base très très faible [3]

On ajoute un volume V de HCl M à 1 L de solution de $C_2H_5NH_2$ 0,01 M et on mesure le pH. Est-il conforme ?

B. Vb = 5 mL, pH = pKb [4]
C. Vc = 10 mL, on est à l'équivalence, le pH est légèrement acide
D. On ajoute 10 mL de HCl 0,1 M à 10 mL de NH_3 0,1 M, le pH du mélange est de 5,3 ; on en déduit que la constante d'acidité de NH_4^+ est Ka = $5{,}6.10^{-10}$
E. On peut utiliser un acide faible titré pour doser une base faible [5]

107. pH des mélanges base faible/acide fort

On ajoute un volume V de HCl 0,15 M à 60 mL de NH_3 0,1 M (Kb = $1{,}8.10^{-5}$). Quels sont les pH corrects ?

A. Va = 0 ; pH = 11,1
B. Vb = 20 mL ; pH = 10,3 [6]
C. Vc = 40 mL ; pH = 5,2
D. Vd = 40,5 mL ; pH = 2,9 [7]
E. Ve = 60 mL ; pH = 1,3 [8]

1) V = 2,8 mL.
2) V = 19,9 mL, très proche de 20 mL car c'est dans le palier d'équivalence.
3) Le pH est celui de l'acide faible conjugué de la base.
4) pH = pKa de $C_2H_5NH_3^+$.
5) Le palier d'équivalence n'est pas vertical et le point d'équivalence est donc difficile à déterminer.
6) pH = pKa = 9,3.
7) pH = 3,1.
8) pH = 1,6.

108. Dosages. Applications

A. On titre 10 mL de solution de H_2CO_3 par une solution de NaOH 0,1 M ; il faut 30 mL de cette solution pour faire virer la phénolphtaleïne correspondant au deuxième palier d'équivalence ; on en déduit que $[H_2CO_3]_0 = 0{,}3$ mol.L^{-1} ☐ ☐

B. On peut titrer une solution de carbonate de sodium Na_2CO_3 en utilisant une solution titrée de HCl ☐ ☒

C. Pour salifier 20 mL d'acide citrique $H_3C_6H_5O_7$, il faut 27,86 mL de NaOH 0,25 M ; on en déduit que la solution initiale d'acide citrique est 0,348 M ☐ ☐

D. Il faut ajouter une pastille de 2,88 g d'hydroxyde de sodium pour salifier totalement 1 L d'acide éthanoïque 0,1 M ☐ ☒

E. Il faut 25 mL de NaOH 0,1 M pour faire virer l'hélianthine et ajouter ensuite 10 mL pour faire virer la phénolphtaleïne dans 10 mL d'un mélange de solutions de H_2SO_4 et H_3PO_4. Sachant que le virage de l'hélianthine correspond à la salification totale de H_2SO_4 et de la première acidité de H_3PO_4, et que le virage de la phénolphtaleïne correspond à la salification de la deuxième acidité de H_3PO_4, on en déduit que $[H_2SO_4]_0 = 0{,}15$ mol.L^{-1} et $[H_3PO_4]_0 = 0{,}1$ mol.L^{-1} ☐ ☐

109. Solutions tampons

A. Il est possible de constituer une solution tampon avec une solution d'acide chlorhydrique ☐ ☐

B. Le pouvoir tampon est maximum lorsque [acide] = [base] du couple qui définit la solution tampon ☐ ☒

C. Une solution très diluée comportant un acide et sa base conjuguée limite les possibilités d'amortir tout ajout d'ions hydronium et hydroxyde ☐ ☒

D. Une solution d'hydrogènocarbonate de sodium $NaHCO_3$ se caractérise uniquement par un amortissement des excès d'acidité ☐ ☐

E. L'examen des courbes pH = f (v_{OH^-}) ou pH = f ($v_{H_3O^+}$) lors des réactions concernant un acide faible ou une base faible met en évidence la présence, au niveau de la demi-équivalence, d'un palier horizontal impliquant une faible variation du pH pour tout ajout d'ions H_3O^+ et OH^- ☐ ☒

1) $[H_2CO_3]_0 = 0{,}15$ mol.L^{-1}.
2) La solution initiale d'acide citrique est de 0,116 M.
3) $[H_2SO_4]_0 = 0{,}075$ mol.L^{-1}.
4) Non, car une solution tampon doit comporter un acide faible et sa base conjuguée ou une base faible et son acide conjugué.
5) Non, car HCO_3^- est un ampholyte qui peut amortir tout ajout d'ions H_3O^+ mais également un ajout d'ions OH^-.

110. Effet tampon

Dans 3 béchers A, B, C, on introduit 20 mL de solution de CH_3CO_2H 0,15 M, puis 10 mL de NaOH 0,15 M pour constituer une solution tampon. Dans 3 autres béchers A′, B′, C′, on introduit 30 mL de HCl à $1{,}8.10^{-5}$ M. Quelles sont les constatations correctes ?

☒ ☐ A. Le pH des solutions A et A′ est de 4,7

☐[1] ☐ B. On ajoute 270 mL d'eau dans A et A′ ; le pH reste égal à 4,7

☒ ☐ C. On ajoute 0,3 mL de HCl 0,1 M dans B et B′ ; on ne note aucune variation du pH pour B et on note une variation ΔpH de 1,7 pour B′

☐[2] ☐ D. On ajoute 0,3 mL de NaOH 0,1 M dans C et C′ ; la variation du pH est nulle pour C et ΔpH = 1,7 pour C′

☒ ☐ E. L'effet tampon est dû aux réactions suivantes :
– pour B : $CH_3CO_2^- + H_3O^+ \leftrightarrow CH_3CO_2H + H_2O$
– pour C : $CH_3CO_2H + OH^- \leftrightarrow CH_3CO_2^- + H_2O$

111. Préparation de solutions tampons

☐[3] ☐ A. Pour préparer une solution tampon à pH = 3,8, on utilise 1 L de solution d'acide méthanoïque HCOOH M (pKa = 3,8) et on y ajoute 40 g de pastilles d'hydroxyde de sodium NaOH

☒ ☐ B. Pour préparer 1 L de solution tampon à pH = pKa = 3,86 de l'acide lactique $CH_3CHOHCOOH$, on utilise 1 L de solution de solution de lactate de sodium 0,5 M dans laquelle on ajoute 21 mL d'une solution commerciale de HCl 12 M

☒ ☐ C. Pour préparer une solution tampon à pH = 4,5 à partir d'un volume Va d'une solution de CH_3COOH M (Ka = $1{,}8.10^{-5}$) et Vb d'une solution de CH_3COONa M, il faut que Va = 2 Vb

☒ ☐ D. Le plasma sanguin est une solution tamponnée ; un des couples qui intervient est $H_2PO_4^-/HPO_4^{2-}$ de pKa = 7,2, pour exercer son pouvoir tampon à pH = 7,5 ; on en déduit que $[HPO_4^{2-}]/[H_2PO_4^-] = 2$

☐[4] ☐ E. Pour préparer 2,5 L de solution tampon à pH = 9,15, on ajoute 5 g de NH_3 et 10 g de NH_4Cl à 2,5 L d'eau (Ka = $5{,}6.10^{-10}$)

1) Pour A′ : pH = 5,7.
2) ΔpH = 6,2 pour C′.
3) On doit ajouter 20 g de NaOH.
4) On doit ajouter 20 g de NH_4Cl.

112. Domaines de prédominance. Espèces privilégiées dans une solution tampon

A. À pH = pKa = 4,8 de l'acide éthanoïque, on a, pour ce couple : [acide] = [base] ; pH < pKa : l'acide prédomine ; pH > pKa : la base prédomine ☐ ☒

B. Pour avoir 10 fois plus d'ammoniac que d'ions NH_4^+ dans une solution de NH_3 M ($Kb = 1,8.10^{-5}$), il faut que le pH de la solution soit de 5,8 ☐ ☐[1]

C. Dans une solution d'éthanoate d'ammonium CH_3COONH_4 M à pH = 7, les espèces majoritaires sont CH_3COOH et NH_3 ($Ka = Kb = 1,8.10^{-5}$) ☐ ☐[2]

D. Un indicateur coloré est un acide faible ($Ka = 3.10^{-5}$) ; sous sa forme acide, il est rouge ; sous la forme de la base conjuguée, il est bleu. Pour le faire passer de la couleur rouge, impliquant au moins 75 % sous la forme acide, à la couleur bleu, avec au moins 75 % sous la forme de la base, il faut une variation du pH d'une unité ☐ ☒

E. À l'état normal, un des couples : H_2CO_3/HCO_3^- ($Ka = 4,3.10^{-7}$) responsable de l'effet tampon dans le sang à pH = 7,4 est tel que $[HCO_3^-]/[H_2CO_3] = 11$. Dans le sang d'un sportif qui fait un effort important et prolongé, la valeur de ce rapport peut baisser jusqu'à 4,7 impliquant donc que le pH du sang est alors de 7,1 ☐ ☒

113. Acides aminés

On considère la glycine $H_2N–CH_2–COOH$ de $pKa_1 = 2,3$ et $pKa_2 = 9,7$

A. Dans l'eau, la glycine existe essentiellement sous la forme de l'amphion (ou zwitterion) qui est l'ion $^+H_2N–CH_2–COO^-$ ☐ ☐[3]

B. L'amphion peut se comporter comme un acide :
$^+H_3N–CH_2–COO^- + H_2O \leftrightarrow H_2N–CH_2–COO^- + H_3O^+$ ☐ ☒

C. L'amphion peut se comporter comme une base :
$^+H_3N–CH_2–COO^- + H_2O \leftrightarrow {}^+H_3N–CH_2–COOH + OH^-$ ☐ ☒

D. Le domaine de prédominance de l'amphion est compris entre pH = 2,3 et pH = 9,7 ☐ ☒

E. Le pH d'une solution 0,05 M de glycine est de 6 ☐ ☐[4]

F. Le point isoélectrique correspond à la valeur du pH pour laquelle la concentration molaire du cation est maximum ☐ ☐[5]

1) pH = pKa + 1 = 10,3.
2) Les espèces majoritaires sont CH_3COO^- et NH_4^+, car $[CH_3COO^-]/[CH_3COOH] = 180$ et $[NH_3]/[NH_4^+] = 0,005$.
3) L'amphion est l'ion $^+H_3N–CH_2–COO^-$.
4) pH = 5,5.
5) C'est la concentration molaire de l'amphion qui est maximum.

114. Produits de solubilité

Quelles sont les expressions correctes des produits de solubilité suivants à une température T ?

- [ ] [1] [ ] A. $Pb^{2+} + 2\ OH^- \leftrightarrow Pb\ (OH)_{2S}$: $Ks = [Pb^{2+}]\ .\ [OH^-]$
- [x] [ ] B. $Ca^{2+} + 2\ F^- \leftrightarrow CaF_{2S}$: $Ks = [Ca^{2+}]\ .\ [F^-]^2$
- [ ] [2] [ ] C. $Ag_2CrO_{4S} \leftrightarrow 2\ Ag^+ + CrO_4^{2-}$: $Ks = 1/[Ag^+]^2\ .\ [CrO_4^{2-}]$
- [ ] [3] [ ] D. $Ba_3(PO_4)_{2S} \leftrightarrow 3\ Ba^{2+} + 2PO_4^{3-}$: $Ks = [Ba^{2+}]^2\ .\ [PO_4^{3-}]^3$
- [ ] [4] [ ] E. Pour $Mg_3\ (AsO_4)_{2S}$: $Ks = [Mg^{2+}]\ .\ [AsO_4^{2-}]$

Remarque : *dans une solution aqueuse, à une temperature T, la valeur du produit de solubité n'est pas toujours atteinte et on a alors pour un équilibre : $A^- + C^+ \leftrightarrow AC_S$: $[A^-]\ [C^+] < Ks$; en général, on devrait écrire : $[A^-]\ [C^+] \leq Ks$.*

115. Solubilités

Quelles sont, à 25 °C, les valeurs correctes des solubiltés s suivantes dans l'eau ?

- [x] [ ] A. AgBr : $Ks = 5.10^{-13}$; $s = 7.10^{-7}$ mol.L^{-1}
- [ ] [5] [ ] B. $PbBr_2$: $Ks = 3.10^{-8}$; $s = 1{,}7.10^{-4}$ mol.L^{-1}
- [ ] [6] [ ] C. $Ba\ (IO_3)_2$: $Ks = 6.10^{-10}$; $s = 2{,}5.10^{-5}$ mol.L^{-1}
- [x] [ ] D. Ag_2S : $Ks = 10^{-49{,}2}$; $s = 2{,}5.10^{-17}$ mol.L^{-1}
- [ ] [7] [ ] E. La solubilité de l'hydroxyde de cuivre (II) à pH = 7 est de $1{,}5.10^{-10}$ mol.L^{-1} ($Ks = 2{,}2.10^{-20}$)
- [x] [ ] F. La solubilité de AgBr dans une solution de NaBr 0,5 M à 25 °C est de 10^{-12} mol.L^{-1} ($Ks = 5.10^{-13}$)

1) $Ks = [Pb^{2+}]\ .\ [OH^-]^2$.
2) $Ks = [Ag^+]^2\ .\ [CrO_4^{2-}]$.
3) $Ks = [Ba^{2+}]^3\ .\ [PO_4^{3-}]^2$.
4) $Ks = [Mg^{2+}]^3\ .\ [AsO_4^{3-}]^2$.
5) $s = 10^{-2}$ mol.L^{-1}.
6) $s = 5{,}3.10^{-4}$ mol.L^{-1}.
7) $s = 2{,}2.10^{-6}$ mol.L^{-1}.

QCM

116. Calculs de produits de solubilité

Quelles sont les valeurs correctes des produits de solubilité suivants à 25 °C ?

A. CdS : s = 10^{-14} mol.L^{-1} ; Ks = 10^{-28} ☐ ☒

B. Pb $(CHO_2)_2$: s = 5,4.10^{-2} mol.L^{-1} ; Ks = 2,9.10^{-3} ☐ ☐

C. $PbBr_2$: s = 2,88 g.L^{-1} ; Ks = 72 ☐ ☐

D. Après évaporation de 1 L de solution saturée d'oxalate de calcium CaC_2O_4, on récupère 6,1.10^{-3} g d'oxalate de calcium ; on en déduit : Ks = 3,7.10^{-5} ☐ ☐

E. À pH = 9,5, la solubilité de l'hydroxyde de manganèse est de 1,9.10^{-4} mol.L^{-1} ; on en déduit : Ks = 1,9.10^{-13} ☐ ☒

117. Équilibres de complexation

A. Les réactions de complexation comme les réactions de précipitation peuvent être considérées comme des réactions d'élimination d'ions en solution aqueuse ☐ ☒

On considère l'équilibre de complexation : $Cu^{2+} + 4\ NH_3 \leftrightarrow Cu\ (NH_3)_4^{2+}$

B. La constante d'équilibre appelée constante de stabilité à une température T est Kst = $[Cu\ (NH_3)_4^{2+}] / ([Cu^{2+}]\ .\ [NH_3])$ ☐ ☐[4]

C. La constante de dissociation correspondant à la réaction inverse à la température T est Kd = 1/Kst ☐ ☒

D. Les équations de conservation de l'atome de cuivre et du groupe d'atomes NH_3 sont :
- $[Cu^{2+}] + [Cu\ (NH_3)_4^{2+}] = [Cu^{2+}]_0$
- $[NH_3] + [Cu\ (NH_3)_4^{2+}] = [NH_3]_0$ ☐ ☐[5]

E. Kst = 10^{12} à 25 °C ; dans 1 L de solution de NH_3 M, on introduit 0,1 mole de $CuCl_2$; on en déduit qu'à l'équilibre, $[Cu^{2+}]$ = 2.10^{-13} mol.L^{-1} qui est donc négligeable devant $[Cu\ (NH_3)_4^{2+}]$ = 0,1 mol.L^{-1} ☐ ☒

F. Cu^{2+} peut se lier à de l'éthylène diamine pour former un chélate Cu $(C_2N_2H_8)_2^{2+}$ (Kst = 10^{20}) plus stable que Cu $(NH_3)_4^{2+}$ ☐ ☒

1) Ks = 6,3.10^{-4}.
2) Ks = 4.10^{-6}.
3) Ks = 2,3.10^{-9}.
4) Kst = $[Cu\ (NH_3)_4^{2+}] / ([Cu^{2+}]\ .\ [NH_3]^4)$.
5) $[NH_3] + 4\ [Cu\ (NH_3)_4^{2+}] = [NH_3]_0$.

Équilibres acidobasiques

127

L'acide éthanoïque est un électrolyte faible : $Ka = 1{,}8.10^{-5}$ à 25 °C. Dresser un tableau des valeurs du degré d'avancement α lorsque la concentration c varie de 1 à 10^{-7} par puissance de 10 en utilisant la méthode de résolution la plus adaptée que l'on précisera. Commenter ce tableau.

128

1. Calculer Ka et pKa de l'acide méthanoïque à 25 °C. ($\Delta G^0_{298\ K} = 21{,}3\ kJ.mol^{-1}$).
2. Calculer le coefficient d'ionisation de cet acide à 25 °C en solution molaire.

129

Calculer le pH d'une solution saturée en hydroxyde de calcium, sachant que sa solubilité à 25 °C est de $2{,}4.10^{-2}\ mol.L^{-1}$.

130

Comme beaucoup de microbes, le bacille botulique ne se développe que dans un milieu acide ($pH < 4$). Exprimer cette limite en fonction des concentrations molaires en ions H_3O^+ et OH^-.

131

Le pH d'une solution d'acide méthanoïque est le même que celui d'une solution d'acide chlorhydrique. À 25 °C, le pH commun aux 2 solutions est de 2,9.

1. Calculer la concentration molaire de la solution d'acide chlorhydrique.
2. Calculer les concentrations molaires des diverses espèces chimiques présentes dans la solution d'acide méthanoïque. ($pKa = 3{,}8$).

132

Calculer le pH des 2 solutions de soude (hydroxyde de sodium) suivantes :

1. 0,2 M.
2. 10^{-7} M.

133

Calculer le pH d'une solution d'acide nitreux 0,1 M. ($Ka = 4{,}5.10^{-4}$).

134

La mesure du pH d'une solution 0,001 M d'acide dichloroéthanoïque ($Ka = 3{,}3.10^{-2}$) donne : pH = 3. Le calcul, en utilisant la relation générale : $pH = 1/2\ (pKa - \log c)$, conduit à la valeur 2,2. Expliquer cette différence.

135

Calculer le coefficient d'ionisation d'une solution 0,01 M d'un acide faible dont la constante Ka est de $8{,}1.10^{-7}$.

136

Calculer le pH d'une solution constituée par un mélange d'acide chlorhydrique et d'acide méthanoïque ($Ka = 2.10^{-4}$). Les concentrations molaires initiales respectives de HCl et HCOOH sont : $c_1 = 5.10^{-3}$ et $c_2 = 0{,}1$ mol/L.

137

Calculer le pH d'une solution d'acide nitreux 10^{-7} M. ($Ka = 4{,}5.10^{-4}$).

138

On considère une solution d'acide carbonique 0,1 M. ($Ka_1 = 4{,}5.10^{-7}$; $Ka_2 = 5{,}7.10^{-11}$).

1. Écrire toutes les équations concernant ce système.
2. Calculer le pH de cette solution.

139

L'aspirine de formule $ArCO_2H$ est un acide faible peu soluble dans l'eau. La fraction soluble est partiellement dissociée en carboxylate soluble :

$ArCO_2H_s \leftrightarrow ArCO_2H_{soluble} + H_2O \leftrightarrow ArCO_2^- + H_3O^+$

L'ion bicarbonate (ou hydrogènocarbonate) HCO_3^- est une base faible capable de fixer un proton :

$HCO_3^- + H_3O^+ \leftrightarrow (CO_2, H_2O) + H_2O$

1. Qu'observe-t-on lorsqu'un comprimé comprenant aspirine + bicarbonate est placé dans l'eau ?
2. Compléter l'équation-bilan : $ArCO_2H + HCO_3^- \leftrightarrow \ldots$

140

On met une certaine quantité d'un composé B dans une solution aqueuse sans faire varier son pH = 3. Le rapport $[B]/[BH^+]$ est alors égal à 4. Calculer la constante Ka et le pKa du couple BH^+/B.

141

On considère à 25 °C une solution de pyridine C_6H_5N 0,1 M ($Kb = 1{,}55.10^{-9}$).

1. Écrire toutes les équations concernant ce système.
2. Calculer le pH de cette solution.
3. Établir une formule générale de calcul du pH de solutions de bases faibles dans certaines conditions.

142

La constante d'acidité du couple $C_6H_5NH_3^+/C_6H_5NH_2$ est Ka = $1{,}8.10^{-11}$ à 25 °C. Calculer Kb de la base faible $C_6H_5NH_2$.

143

Dans quel domaine de l'échelle des pH se situe celui d'une solution de sel formé à partir d'un acide faible et d'une base forte ?

144

Calculer le pH d'une solution 0,1 M de nitrite de sodium [pKa (HNO_2) = 3,3].

145

Calculer le pH dune solution 0,1 M de bromure d'ammonium
[Ka (NH_4^+) = $5{,}6.10^{-10}$].

146

On considère une solution constituée à partir de carbonate de sodium. Lors de l'hydrolyse de ce sel, quelle est la réaction acidobasique essentielle qu'il faut prendre en compte pour, par exemple, calculer le pH de cette solution ? La solution est-elle acide ou basique ?

147

Calculer le pH d'une solution 0,1 M de benzoate d'ammonium
[pKa_1 (C_6H_5COOH) = 4,2 ; pKa_2 (NH_4^+) = 9,2].

148

On met 1,48 g de chaux (hydroxyde de calcium) dans 200 mL d'acide chlorhydrique 0,5 M. Calculer le pH de cette solution.

149

On mélange : 20 mL de KOH 0,05 M, 12 mL de HCl 0,1 M, 5 mL de H_2SO_4 0,07 M et 13 mL de NaOH 0,065 M. Calculer le pH de ce mélange.

150

On titre une solution de NH_3 en effectuant le dosage suivant : à 10 mL de NH_3, on ajoute quelques gouttes d'hélianthine et il faut 12 mL d'une solution 0,1 M de HCl pour faire virer cet indicateur coloré.

1. Écrire l'équation-bilan de cette réaction.
2. Calculer la molarité de la solution de NH_3.
3. À l'équivalence, le mélange est-il acide ou basique ?

151

Soit un litre d'un mélange d'acide orthophosphorique 0,1 M et d'acide sulfurique 0,1 M. On prélève 10 mL de ce mélange que l'on dose par une solution de soude (hydroxyde de sodium) 0,1 M. Donner l'allure générale de la courbe pH-métrique de neutralisation. Déterminer les volumes de la solution de soude correspondant aux différents points d'inflexion.

152

On verse quelques gouttes de phénolphtaleïne dans 10 mL d'une solution de H_3PO_4. Il faut 14,6 mL d'une solution de NaOH 0,1 M pour colorer la solution. Calculer la normalité et la molarité de la solution d'acide (voir figure p. 118, zone de virage : 8 – 10).

153

On prépare 5 L d'une solution d'un acide faible RCOOH 0,1 M (pKa = 5,5)

1. On prélève 0,1 L de cette solution et on complète à 1 L avec de l'eau. Calculer le pH de la solution.
2. À 1 L de la solution d'acide RCOOH 0,1 M, on ajoute un certain volume d'une solution de NaOH 0,1 M pour ajuster le pH à 5,5. Déterminer ce volume de NaOH ajouté. Quelle est la propriété de ce mélange ?
3. On prélève 2 L de solution d'acide RCOOH. On y ajoute 2 L de solution de NaOH 0,1 M. Calculer le pH du mélange.

154

Un malade a une concentration plasmatique en bicarbonate (ou hydrogénocarbonate) de 27 mM /L. La pression partielle p (CO_2) est de 80 torrs. Le coefficient de solubilité du gaz est de 0,03 $mM.L^{-1}$. $torr^{-1}$ pour le plasma à 37 °C. Le pKa de la première acidité de l'acide carbonique est de 6,1.

1. Calculer le pH de ce plasma. Est-il normal ?
2. Une hyperventilation pulmonaire élimine le CO_2 et ramène p (CO_2) à 40 torrs. Quel sera le pH ? Est-il normal ?
3. Quelles sont les réactions qui interviennent lorsque les ions HCO_3^- jouent leur rôle de tampon ?

155

On considère du plasma sanguin à pH = 7,5.

1. Les couples acidobasiques définissant les 3 constantes d'acidité de l'acide orthophosphorique H_3PO_4 ont respectivement comme pKa : $pKa_1 = 2,1$; $pKa_2 = 7,2$; $pKa_3 = 13$. À quel pH chacun de ces couples que l'on définira aura-t-il le pouvoir tampon maximum ?
2. Quel est celui qui intervient dans le plasma ?
3. Calculer le rapport des concentrations des 2 espèces de ce couple au pH du plasma.

156

Calculer le nombre de moles de HCl que l'on doit ajouter dans un litre de solution d'éthanoate de sodium 0,02 M pour obtenir une solution tampon à pH = 5 [Ka (CH_3COOH) = $1,8.10^{-5}$].

157

Une solution tampon est réalisée en ajoutant 150 mL de solution 0,5 M de méthanoate de sodium à 100 mL de solution d'acide méthanoïque 0,7 M. Calculer son pH [Ka (HCOOH) = 2.10^{-4}].

158

Quelle masse de chlorure d'ammonium faut-il ajouter à 1 L de solution d'ammoniac 2 M pour avoir une solution tampon à pH = 9 (Kb = $1,8.10^{-5}$) ?

159

Déterminer la constante d'acidité de l'acide lactique sachant que le pH de 2 L de solution constituée à partir du mélange de 1 L de $CH_3CHOHCOOH$ 0,1 M et 1 L de $CH_3CHOHCOONa$ 0,1 M est de 3,9.

160

On considère une solution de $KHSO_3$ M
(H_2SO_3 : $Ka_1 = 1,7.10^{-2}$; $Ka_2 = 6,2.10^{-8}$).

1. Calculer le pH de cette solution.
2. Démontrer qu'elle a bien les propriétés d'une solution tampon.

161

La thréonine est un acide aminé de formule

$$\begin{array}{l} CH_3\text{–}CH\text{–}CH\text{–}COOH \ (1) \\ \qquad\quad | \qquad | \\ \qquad\ OH \ \ NH_2 \end{array}$$

dont les pKa des 2 fonctions ionisables en solution aqueuse sont 2,6 et 10,4.

1. Écrire les réactions acidobasiques lorsque (1) est en solution aqueuse. Attribuer les pKa aux couples acidobasiques correspondants. Déterminer les domaines de prédominance des différentes formes en fonction du pH.
2. Calculer le pH isoélectrique de la thréonine. Écrire les équations permettant de calculer le pourcentage des diverses espèces ioniques de la thréonine dans une solution tampon de pH = 7,4 en fonction de la concentration molaire initiale Co de la thréonine.

162

La lysine est un acide aminé de formule :

$$\begin{array}{l} H_2N\text{–}(CH_2)_4\text{–}CH\text{–}COOH \\ \ (3) \qquad\qquad\ \ | \qquad\qquad (1) \\ \qquad\qquad\qquad NH_2 \ (2) \end{array}$$

dont les pK sont : $pKa_1 = 2{,}18$; $pKa_2 = 8{,}94$; $pKa_3 = 10{,}54$ (on considérera que les 3 acidités sont dosables séparément).

1. Écrire les différents équilibres acidobasiques dans l'eau.
2. Indiquer, sur un diagramme, quelles sont les espèces prédominantes en fonction du pH entre $1{,}5 < pH < 11{,}5$.
3. Tracer l'allure de la courbe de dosage de la lysine par une solution d'hydroxyde de sodium en partant de la forme triacide :

$$\begin{array}{l} ^{+}H_3N - (CH_2)_4 - CH - COOH \ \text{(chlorhydrate de lysine)} \\ \qquad\qquad\qquad\quad\ \ | \\ \qquad\qquad\qquad\ \ NH_3^+ \end{array}$$

et en indiquant les pH des points caractéristiques .

4. Quelle(s) est (sont) l'(les) espèces(s) majoritaire(s) lorsqu'on dissout de la lysine dans l'eau ? Quel est le pH de la solution ainsi obtenue ?

On dispose d'un litre d'une solution aqueuse de lysine 0,12 $mol.L^{-1}$ (solution A).

5. Calculer le volume d'une solution d'hydroxyde de sodium 0,60 $mol.L^{-1}$ à ajouter à un litre de solution A pour obtenir la forme tribase de la lysine. Calculer le pH de la solution ainsi obtenue.
6. On prépare, à partir de la solution A et d'une solution d'acide chlorhydrique, une solution de pH = 7. Indiquer les espèces prédominantes à ce pH.

Équilibres de précipitation et de complexation

163

Calculer la solubilité du carbonate de calcium dans l'eau à 25 °C en mol/L et en g/L. (Ks = $4,7.10^{-9}$).

164

Calculer pKs (CdS) à 25 °C, sachant qu'à cette température la solubilité dans l'eau du sulfure de cadmium est de 10^{-14} mol.L^{-1}.

165

Certains calculs rénaux sont constitués d'oxalate de calcium CaC_2O_4. À 25 °C, dans l'eau, sa solubilité est de $7,7.10^{-3}$ g/L. Calculer son Ks.

166

Calculer Ks [$Ca_3(PO_4)_2$] à 25 °C sachant que la solubilité dans l'eau du phosphate tricalcique à cette température est de $2,5 \cdot 10^{-6}$ mol.L^{-1}.

167

Calculer le pH à 25 °C d'une solution saturée d'hydroxyde de cadmium (Ks = 2.10^{-14}).

168

La précipitation de cristaux d'urate de sodium est à l'origine de la goutte ; elle est due à un excès d'acide urique $C_5 H_2N_4O_3H_2$ que l'on notera H_2U.

1. Dans les urines, l'acide urique est secrété sous la forme d'urate de sodium NaHU à raison de 0,450 g par jour pour 1,5 L d'urine ; calculer [HU^-] éliminée.
2. Calculer Ks de l'urate de sodium, sachant que sa solubilité dans l'eau à 25 °C est de 0,85 g.L^{-1}.
3. Des médicaments utilisés par ailleurs augmentent l'élimination d'urate de sodium. Expliquer pourquoi ils peuvent être contre-indiqués.
4. Que se passe-t-il si l'acidité de l'urine augmente ?
5. Quelle mesure simple peut-on utiliser pour éliminer l'urate de sodium, sachant que l'acide urique est pratiquement insoluble dans l'eau ?

169

1. Calculer la solubilité du bromure d'argent dans l'eau à 25 °C (Ks = 5.10^{-13}).
2. Calculer cette solubilité dans uns solution 0,1 M de bromure de sodium à la même température.

170

Quelle masse de chlorure de sodium faut-il ajouter à 1 L de solution 0,003 M en nitrate d'argent et 0,5 M en ammoniac à 25 °C pour obtenir la précipitation de AgCl ?
[Ks (AgCl) = $1{,}6.10^{-10}$; Kst ($Ag(NH_3)_2^+$) = $1{,}7.10^7$]

171

Les ions Cr^{3+} forment un ion complexe $[Cr(OH)_4]^-$ en milieu basique (Kst = $8 \cdot 10^{29}$ à 25 °C). Calculer la concentration de ces ions dans une solution 0,02 M de $Cr(NO_3)_3$, sachant que le pH à l'état d'équilibre est égal à 10.

172

On dissout du $FeSCNCl_2$ dans 50 mL d'eau. Ce composé se dissocie totalement à toute concentration en $FeSCN^{2+}$ et Cl^-. L'ion $FeSCN^{2+}$ se dissocie par ailleurs partiellement en Fe^{3+} et SCN^-. À 25 °C, sa constante de dissociation Kd = 10^{-3}.

1. Quelle masse de $FeSCNCl_2$ faut-il dissoudre dans 50 mL d'eau pour constituer une solution à 10^{-1} mol.L^{-1} de ce composé ?
2. Quelles sont les concentrations en Cl^- et $FeSCN^{2+}$ de cette solution si on néglige la dissociation de $FeSCN^{2+}$?
3. Établir une relation entre le coefficient de dissociation α de $FeSCN^{2+}$, Kd et sa concentration initiale Co.
4. Calculer la valeur du coefficient de dissociation de $FeSCN^{2+}$ dans le cas où Co est égale à 10^{-1} mol.L^{-1}.
5. En déduire les concentrations à l'équilibre de $FeSCN^{2+}$, Fe^{2+} et SCN^-.
6. On veut qu'à l'équilibre d'une solution constituée initialement par $FeSCNCl_2$, les concentrations en Fe^{3+} et $FeSCN^{2+}$ soient égales. Quelle doit être alors la concentration initiale de $FeSCNCl_2$?
7. Si la concentration initiale de $FeSCNCl_2$ est de 10^{-1} mol.L^{-1} dans 50 mL d'eau, quel volume d'eau faut-il ajouter à cette solution pour qu'à l'équilibre $[FeSCN^{2+}] = [Fe^{3+}]$?
8. Quelle doit être la concentration initiale d'une solution de $FeSCN^{2+}$ pour que la proportion de cette espèce qui subsiste à l'équilibre soit de 1 % ?
9. On constitue une solution avec 1 mol.L^{-1} de SCN^- et 10^{-2} mol.L^{-1} de Fe^{3+}. Quelles sont, à l'équilibre, les concentrations des diverses espèces ?
10. Les ions fluorures F^- forment avec les ions Fe^{3+} un complexe FeF^{2+} dont la constante de dissociation K'd = 10^{-7}. Écrire la réaction globale qui se produit lorsqu'à une solution de $FeSCN^{2+}$ on ajoute des ions F^-.
11. Calculer la constante d'équilibre de cette réaction.
12. Quelle quantité de F^- faut-il ajouter à 1 L d'une solution contenant initialement 10^{-1} mol.L^{-1} de $FeSCNCl_2$ pour qu'à l'équilibre la concentration de $FeSCN^{2+}$ ne soit plus que de 10^{-3} mol.L^{-1} ?

127

$$CH_3CO_2H + H_2O \leftrightarrow CH_3CO_2^- + H_3O^+$$

État initial	c	0	0
État équilibre	c (1 – α)	c α	c α

$Ka = [CH_3CO_2^-]\ [H_3O^+] / [CH_3CO_2H]$

$= c\ \alpha^2/(1 - \alpha)$

La racine positive de cette équation est :

$\alpha = (Ka/2\ c).\ [(1 + (4\ c/Ka))^{1/2} - 1]$

Pour $c < 10^{-3}$, on utilise cette relation. Pour les autres, on fait l'hypothèse que α est très petit devant 1 impliquant que $c\ (1 - \alpha) \cong c$. Dans ce cas : $\alpha = (Ka / c)^{1/2}$.

c en mol/l	1	10^{-1}	10^{-2}	10^{-3}	10^{-4}	10^{-5}	10^{-6}	10^{-7}
α	0,0042	0,013	0,042	0,125	0,344	0,721	0,9	0,99

On constate que $\alpha \rightarrow 1$ lorsque la concentration devient très faible. Un électrolyte faible se comporte comme un électrolyte fort si on le dilue suffisamment.

128

1. $$HCO_2H + H_2O \leftrightarrow HCO_2^- + H_3O^+$$

$Ka = [HCO_2^-]\ [H_3O^+] / [HCO_2H]$

$\ln Ka = (-\Delta G^0_{298K})/R\ T$

$= (-21\ 300)/(8,31\ .\ 298) = -8,61$

$Ka = 1,8\ .\ 10^{-4}$; $pKa = -\log Ka = 3,8$

2. $$HCO_2H + H_2O \leftrightarrow HCO_2^- + H_3O^+$$

État initial	c	0	0
État équilibre	c (1 – α)	c α	c α

$Ka = c\ \alpha^2 / (1 - \alpha)$

$\alpha << 1$, $Ka = c\ \alpha^2$; $\alpha = (Ka/c)^{1/2} = 1,3\ .\ 10^{-2}$.

129

$$Ca(OH)_2 \overset{(H_2O)}{\leftrightarrow} Ca^{2+} + 2\ OH^-$$

$[OH^-] = 2\ .\ 2,4.10^{-2} = 4,8.10^{-2}\ mol.L^{-1}$

$Ke = [H_3O^+]\ .\ [OH^-] = 10^{-14}$ à 25 °C

$pH = -\log [H_3O^+] = -\log (10^{-14}/4,8.10^{-2}) = 12,7$

130

$pH = -\log [H_3O^+] = 4,4$; $[H_3O^+] > 4\ .\ 10^{-5}\ mol.L^{-1}$

$Ke = [H_3O^+]\ .\ [OH^-] = 10^{-14}$; $[OH^-] < (10^{-14}/4.10^{-5})$,

soit $2,5\ 10^{-10}\ mol.L^{-1}$

131

1. Solution de HCl (acide fort) : $HCl + H_2O \rightarrow H_3O^+ + Cl^-$
$pH = 2{,}9 = -\log [H_3O^+]$; $[H_3O^+] = 1{,}3.10^{-3}$ mol.L^{-1} qui correspond à la concentration molaire de la solution d'acide chlorhydrique.

2. Solution de HCO_2H (acide faible) : $HCO_2H + H_2O \leftrightarrow HCO_2^- + H_3O^+$
Espèces chimiques présentes à l'état d'équilibre : H_3O^+, OH^-, HCO_2H et HCO_2^-
$pH = 2{,}9$; $[H_3O^+] = 1{,}3.10^{-3}$ mol.L^{-1}.
$Ke = [H_3O^+] . [OH^-] = 10^{-14}$; $[OH^-] = (10^{-14}/1{,}3.10^{-3})$
$= 7{,}7.10^{-12}$ mol.L^{-1}
Équation de neutralité électrique : $[H_3O^+] = [OH^-] + [HCO_2^-]$
$[OH^-] << [H_3O^+]$: $[HCO_2^-] = [H_3O^+] = 1{,}3.10^{-3}$ mol.L^{-1}
$pKa = -\log Ka = 3{,}8$; $Ka = 1{,}8.10^{-4} = [HCO_2^-] . [H_3O^+] / [HCO_2H]$
$[HCO_2H] = (1{,}3.10^{-3})^2/1{,}8.10^{-5} = 9{,}4.10^{-2}$ mol.L^{-1}

132

NaOH est une base forte : $NaOH \xrightarrow{(H_2O)} Na^+ + OH^-$
$Ke = [H_3O^+] . [OH^-] = 10^{-14}$ à 25 °C

1. $[OH^-] = 0{,}2$ mol/L ; $pH = -\log [H_3O^+] = -\log (10^{-14}/0{,}2) = 13{,}3$

2. Dans le cas précédent, on néglige les ions hydroxydes apportés par l'eau devant ceux apportés par la base forte. Ce n'est pas possible dans ce cas.
Équation de neutralité électrique :
$[Na^+] + [H_3O^+] = [OH^-]$
$[Na^+] = 10^{-7}$
$[OH^-] = [H_3O^+] - 10^{-7}$
$Ke = [H_3O^+] . ([H_3O^+] - 10^{-7})$; $[H_3O^+] = 6{,}2.10^{-8}$ mol.L^{-1}
$pH = -\log [H_3O^+] = 7{,}2$

133

Réactions : $2\ H_2O \leftrightarrow H_3O^+ + OH^-$

$HNO_2 + H_2O \leftrightarrow NO_2^- + H_3O^+$

Espèces chimiques : H_3O^+, OH^-, HNO_2 et NO_2^-.

Équations : $Ke = [H_3O^+] . [OH^-] = 10^{-14}$ (1)

$Ka = [NO_2^-] . [H_3O^+] / [HNO_2] = 4{,}5.10^{-4}$ (2)

$[H_3O^+] = [OH^-] + [NO_2^-]$ (3)

$[HNO_2] + [NO_2^-] = 0{,}1$ (4)

Hypothèses : $[OH^-] << [NO_2^-]$ et $[NO_2^-] << [HNO_2]$

Résolution : dans (3) : $[H_3O^+] = [NO_2^-]$

dans (4) : $[HNO_2] = 0{,}1$

dans (1) : $Ka = [H_3O^+]^2 / 0{,}1$

$[H_3O^+] = 6{,}7.10^{-3}$ mol.L^{-1}

$pH = -\log [H_3O^+] = 2{,}2$

Vérification : le résultat est compatible avec les équations ; les hypothèses étaient donc correctes.

Remarque : Il s'agit du pH d'une solution d'un acide faible de concentration molaire c. Pour une dilution pas trop importante et un Ka relativement faible, le pH est donné par la relation : $pH = 1/2\ (pKa - \log c)$ ($[H_3O^+] = (Ka\ .\ c)^{1/2}$).

134

$CHCl_2CO_2H + H_2O \leftrightarrow CHCl_2CO_2^- + H_3O^+$

Une mise en équation rigoureuse conduit, comme dans l'exercice précédent, aux mêmes types d'équations. La raison pour laquelle la relation définie précédemment ne s'applique plus est que, d'une part, le Ka de cet acide est relativement important et que, d'autre part, une concentration de 10^{-3} mol.L^{-1} implique également une dilution relativement importante.

En conséquence, il n'est plus possible de négliger $[CHCl_2CO_2^-]$ devant $[CH_2Cl_2CO_2H]$:

$Ka = [CHCl_2CO_2^-] \cdot [H_3O^+] / [CHCl_2CO_2H]$

$[CHCl_2CO_2H] - 0{,}001 - [CHCl_2CO_2^-]$

Comme $[CHCl_2CO_2^-] = [H_3O^+]$ (les ions H_3O^+ provenant de l'eau sont d'autant plus négligeables) : $[CHCl_2CO_2H] = 0{,}001 - [H_3O^+]$

Soit $x = [H_3O^+]$; $Ka = x^2/(0{,}001 - x)$

Il faut alors résoudre cette équation du second degré :

$x^2 + Ka\ .\ x - 0{,}001\ Ka = 0$

$x = 9{,}7.10^{-4}$ mol.L^{-1} ; $pH = -\log x = 3$

On a ainsi retrouvé le résultat expérimental.

Remarque : on peut faire cette démonstration en calculant le coefficient d'ionisation α : $x = c\ \alpha$; $\alpha = 0{,}97$. L'acide est pratiquement totalement ionisé ; c'est pour cette raison que le pH est équivalent à celui d'une solution d'un acide fort à la même concentration.

135

Soit HA cet acide faible : $HA + H_2O \leftrightarrow A^- + H_3O^+$

État initial	c	0	0
État équilibre	$c\,(1 - \alpha)$	$c\,\alpha$	$c\,\alpha$

$Ka = [A^-] \,.\, [H_3O^+] / [HA]$

$= c\,\alpha^2/(1 - \alpha)$

Comme dans ce cas $\alpha << 1$ (dilution et Ka faibles) : $Ka = c\,\alpha^2$;
$\alpha = 9.10^{-3}$.

136

Il est souvent possible de négliger les ions H_3O^+ apportés par l'acide faible devant ceux libérés par l'acide fort. Nous allons envisager les 2 cas et les comparer.

– HCl uniquement : $HCl + H_2O \rightarrow H_3O^+ + Cl^-$

$pH = -\log [H_3O^+] = -\log 5.10^{-3} = 2{,}3$

– Mélange :

	$HCOOH + H_2O \leftrightarrow$	$HCOO^- +$	H_3O^+
État initial	c_2	0	c_1
État équilibre	$c_2 - x$	x	$c_1 + x$

La présence des ions H_3O^+ provenant de HCl limite l'ionisation de HCOOH :

$[HCOO^-] << [HCOOH]$; $[HCOOH] = c_2$

$Ka = [HCOO^-] \,.\, [H_3O^+] / [HCOOH]$

$= x\,(c_1 + x)/c_2$

$x^2 + 0{,}005\,x - 0{,}00002$; $x = 0{,}0027$

$[H_3O^+] = x + c_1 = 0{,}0077$ mol.L^{-1}

$pH = -\log 0{,}0077 = 2{,}1$

La différence est dans ce cas significative (0,2 unité de pH).

137

La mise en équations du problème est identique à celle de l'exercice 133 de ce chapitre. En revanche, les hypothèses sont différentes : les ions H_3O^+ provenant initialement de l'eau ne peuvent plus être négligés devant ceux apportés par l'acide et, comme la dilution est très importante, l'acide faible se comporte comme un acide fort ; en conséquence :

$[NO_2^-] = 10^{-7}$ mol.L^{-1}

Comme $[H_3O^+] = [OH^-] + [NO_2^-]$: $[OH^-] = [H_3O^+] - 10^{-7}$

$Ke = [H_3O^+] \,.\, [OH^-] = 10^{-14}$; $[H_3O^+] \,.\, ([H_3O^+] - 10^{-7}) = 10^{-14}$

$[H_3O^+] = 1{,}6.10^{-7}$ mol.L^{-1}

$pH = -\log [H_3O^+] = 6{,}8$

138

1. Réactions : $2\ H_2O \leftrightarrow H_3O^+ + OH^-$

$H_2CO_3 \leftrightarrow H_3O^+ + HCO_3^-$

$HCO_3^- \leftrightarrow H_3O^+ + CO_3^{2-}$

Espèces chimiques : H_3O^+, OH^-, H_2CO_3, HCO_3^- et CO_3^{2-}.

Équations : $Ke = [H_3O^+] . [OH^-] = 10^{-14}$ (1)

$Ka_1 = [HCO_2^-] . [H_3O^+] / [H_2CO_3] = 4{,}5.10^{-7}$ (2)

$Ka_2 = [CO_3^{2-}] . [H_3O^+] / [HCO_3^-] = 5{,}7.10^{-11}$ (3)

$[H_3O^+] = [OH^-] + [HCO_3^-] + 2\ [CO_3^{2-}]$ (4)

$[H_2CO_3] + [HCO_3^-] + [CO_3^{2-}] = 0{,}1$ (5)

2. Hypothèses : on néglige les ions H_3O^+ initialement dans l'eau et ceux apportés par la réaction correspondant à la deuxième acidité devant ceux libérés par la réaction correspondant à la première acidité :

$[H_3O^+] = [HCO_3^-]$ et $[H_2CO_3] = 0{,}1$

Dans (2) : $Ka_1 = [H_3O^+]^2 / 0{,}1$; $[H_3O^+] = 2.10^{-3}\ mol.L^{-1}$

$pH = -\log 2.10^{-3} = 2{,}7$

Vérification : le résultat est bien compatible avec toutes les équations.

139

1. La présence de bicarbonate favorise la dissociation de l'aspirine car HCO_3^- en fixant le proton déplace l'équilibre dans le sens qui le fait apparaître. L'élimination du CO_2 provoque également le déplacement des équilibres vers la droite.

2. $ArCO_2H + HCO_3^- \leftrightarrow ArCO_2H + CO_2 + H_2O$

140

$BH^+ + H_2O \leftrightarrow B + H_3O^+$

$Ka = [B] . [H_3O^+] / [BH^+]$

$pH = 3 = -\log [H_3O^+]$; $[H_3O^+] = 10^{-3}\ mol.L^{-1}$

$Ka = 4.10^{-3}$; $pKa = -\log Ka = 2{,}4$

141

1. Réactions : $2\ H_2O \leftrightarrow H_3O^+ + OH^-$

$C_6H_5N + H_2O \leftrightarrow C_6H_5NH^+ + OH^-$

Espèces chimiques : H_3O^+, OH^-, C_6H_5N et $C_6H_5NH^+$

Équations : $Ke = [H_3O^+] . [OH^-] = 10^{-14}$ (1)

$Kb = [C_6H_5NH^+] . [OH^-]/[C_6H_5N]$ (2)

$[H_3O^+] + [C_6H_5NH^+] = [OH^-]$ (3)

$[C_6H_5N] + [C_6H_5NH^+] = c = 0{,}1$ (4)

2. Hypothèses : la dilution et la valeur du Kb sont faibles et on néglige les ions OH^- apportés initialement par l'eau devant ceux libérés par action de la base.

En conséquence : $[C_6H_5NH^+] = [OH^-]$;

$[C_6H_5NH^+] << [C_6H_5N]$; $[C_6H_5N] = c$

Dans (2) : $Kb = [OH^-]^2/c$

(1) permet d'écrire : $Kb = (10^{-14})^2/([H_3O^+]^2 . c)$

$[H_3O^+] = 10^{-14} / (Kb . c)^{1/2} = 8.10^{-10}\ mol.L^{-1}$

$pH = -\log [H_3O^+] = 9{,}1$

Vérification : le résultat est compatible avec toutes les équations.

3. $pH = 14 - 1/2\ pKb + \log c$ (solutions à dilution et valeur du Kb faibles).

142

$Ka . Kb = Ke$; $Kb = 10^{-14}/1{,}8.10^{-11} = 5{,}6.10^{-4}$.

143

Le pH est celui d'une solution de base faible (base conjuguée de l'acide faible) ; il est donc compris entre 8 et 12 suivant la valeur du Ka de l'acide faible et de la concentration molaire du sel.

144

En solution : $NaNO_{2s} \xrightarrow{(H_2O)} Na^+ + NO_3^{2-}$

Na^+ est un ion indifférent ou spectateur et NO_2^- est une base faible conjuguée de l'acide HNO_2. Le traitement de cet exercice est donc équivalent à celui défini pour une solution de base faible.

$NO_2^- + H_2O \leftrightarrow HNO_2 + OH^-$

Hypothèses : $[HNO_2] = [OH^-]$ et $[NO_2^-] = 0{,}1\ mol.L^{-1}$

$Ka = [NO_2^-] . [H_3O^+] / [HNO_2]$

$[OH^-] = 10^{-14}/[H_3O^+]$

$Ka = 0{,}1 . [H_3O^+]^2 / 10^{-14}$; $[H_3O^+] = 7.10^{-9}\ mol.L^{-1}$

$pH = -\log [H_3O^+] = 8{,}15$

Vérification : le résultat serait compatible avec les équations définissant ce système.

Remarque : l'exercice pouvait être traité de la même manière en prenant en compte le Kb de NO_2^- ($pKb = 14 - pKa$) et la relation générale : $pH = 14 - 1/2\ pKb + 1/2 \log c$ pouvait être utilisée.

145

$$NH_4Br_s \xrightarrow{(H_2O)} NH_4^+ + Br^-$$

Cette réaction d'hydrolyse met en présence un ion indifférent Br^- et un acide faible NH_4^+ ; il s'agit donc d'une solution d'un acide faible :

$NH_4^+ + H_2O \leftrightarrow NH_3 + H_3O^+$

$Ka = [NH_3] . [H_3O^+]/[NH_4^+]$

$[NH_4^+] = 0{,}1$; $[NH_3] = [H_3O^+]$

$Ka = [H_3O^+]^2 / 0{,}1$; $[H_3O^+] = 7{,}5.10^{-6}$ mol.L^{-1}

pH = 5,6

146

$$Na_2CO_{3s} \xrightarrow{(H_2O)} 2\ Na^+ + CO_3^{2-}$$

Les ions Na^+ sont indifférents et CO_3^{2-} est une dibase ; La réaction acidobasique essentielle est donc : $CO_3^{2-} + H_2O \leftrightarrow HCO_3^- + OH^-$.

À partir du Ka_2 correspondant à la deuxième acidité de H_2CO_3 que l'on trouve dans toutes les tables, on calcule Kb_1 de cette dibase. ($Ka_2 . Kb_1 = Ke$). Le problème revient donc à calculer le pH d'une solution de base faible, sachant que l'on a négligé la réaction du couple acidobasique H_2CO_3 / HCO_3^- correspondant à la deuxième basicité.

Le pH de la solution est donc basique.

147

Il s'agit d'une solution d'un sel d'acide et de base faibles.

$$C_6H_5COONH_{4s} \xrightarrow{(H_2O)} C_6H_5COO^- + NH_4^+$$

L'acide et la base faibles libérés sont beaucoup plus forts que l'acide ou la base eau. La réaction acidobasique essentielle de transfert de protons se fait entre cet acide et cette base :

$NH_4^+ + C_6H_5COO^- \leftrightarrow NH_3 + C_6H_5COOH$

La constante d'équilibre de cette réaction est :

$Kc = [NH_3] . [C_6H_5COOH]/([NH_4^+] . [C_6H_5COOH])$.

La stoechiométrie implique :

$[NH_3] = [C_6H_5COOH]$ et $[NH_4^+] = [C_6H_5COO^-]$

$Kc = [NH_3]^2 / [NH_4^+]^2 = [C_6H_5COOH]^2/[C_6H_5COO^-]^2$

$Ka_1 = [C_6H_5COO^-] . [H_3O^+] / [C_6H_5COOH]$

$Ka_2 = [NH_3] . [H_3O^+] / [NH_4^+]$

$Kc = (Ka_2)^2/[H_3O^+]^2 = [H_3O^+]^2 / (Ka_1)^2$

$[H_3O^+]^2 = Ka_1 . ka_2$

pH = 1/2 ($pKa_1 + pKa_2$)
= 1/2 (4,2 + 9,2) = 6,7

148

$Ca(OH)_{2s} + 2\ (H_3O^+, Cl^-)_{aq} \rightarrow (Ca^{2+}, 2Cl^-)_{aq} + 2\ H_2O_l$
0,1 mole de HCl (0,2 . 0,5) réagit avec 0,02 mole de $Ca(OH)_2$ (1,48/74).
Il reste 0,06 mole de HCl (0,1 – 2 . 0,02)
$[H_3O^+] = 0{,}06 . 0{,}2 = 0{,}3$ mol.L^{-1}
pH = – log 0,3 = 0,5

149

On considère l'acide sulfurique comme un diacide fort. Ce sont des acides et des bases forts.
$H_3O^+ + OH^- \rightarrow 2\ H_2O$
n (H_3O^+) = [(12 . 0,1)/1 000] + [(5 . 0,07 . 2)/1 000] = $1{,}9.10^{-3}$ mol
n (OH^-) = [(20 . 0,05)/1 000] + [(13 . 0,065)/1 000] = $1{,}845.10^{-3}$ mol
Il reste : (1,9 – 1,845).10^{-3} = $5{,}5.10^{-5}$ mol d'ions H_3O^+
V = 20 + 12 + 5 + 13 = 50 mL
$[H_3O^+] = 5{,}5.10^{-3} / (50.10^{-3}) = 1{,}1.10^{-3}$ mol.L^{-1}
pH = – log 0,0011 = 2,96, soit 3 environ.

150

1. $NH_3 + H_3O^+ + Cl^- \leftrightarrow NH_4^+ + Cl^- + H_2O$
   soit : $NH_3 + H_3O^+ \leftrightarrow NH_4^+ + H_2O$
2. Ca . Va = Cb . Vb ; Cb = (Ca . Va)/Vb = (0,1 . 12)/10 = 0,12 M
3. À l'équivalence, la solution est acide. Cette solution est équivalente à une solution de NH_4Cl ; c'est-à-dire, une solution de l'acide faible NH_4^+.

151

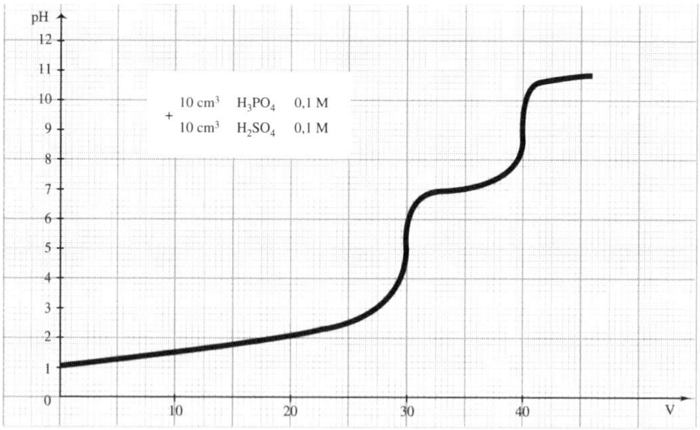

V = volume de soude versé.
V = 30 mL : neutralisation des 2 acidités de H_2SO_4 et la première de H_3PO_4.
V = 40 mL : deuxième acidité de H_3PO_4 (en fait 40 – 30).

152

On constate sur la figure p. 118 que la zone de virage est comprise dans le deuxième palier correspondant à la neutralisation de la deuxième acidité. Soit Na la normalité de cet acide :
2/3 (Na . Va) = Nb . Vb ; Na = 3 (0,1 . 14,6)/(2 . 10) = 0,219 mol d'ions H_3O^+ ; molarité : Na/3 = 0,073 M.

153

1. $RCOOH + H_2O \leftrightarrow RCOO^- + H_3O^+$
   Il s'agit d'une solution d'acide faible.
   $[RCOOH]_0 = 0{,}1/10 = 0{,}01$ mol.L^{-1}
   $Ka = [RCOO^-] . [H_3O^+] / [RCOOH]$
   Hypothèses : $[RCOO^-] = [H_3O^+]$ et $[RCOOH] = 0{,}01$
   $Ka = [H_3O^+]^2 / 0{,}01$, soit pH = 1/2 (pKa – log 0,01) = 3,75
   Vérification : le résultat est compatible avec les équations de ce système.
2. pH = pKa ; la moitié de l'acide est neutralisé : $[RCOO^-] = [RCOOH]$
   Il faut donc 0,5 L de NaOH 0,1 M. Il s'agit d'une solution tampon.
3. L'acide est neutralisée : $RCOOH + OH^- \leftrightarrow RCOO^- + H_2O$, on est à l'équivalence. Le pH est celui d'une solution de la base faible $RCOO^-$.
   Hypothèses : $[RCOO^-] = c$ (c = 0,05 M pour tenir compte de la dilution) et $[RCOOH] = [OH^-]$
   $Ka = [RCOO^-] [H_3O^+] / [RCOOH] = 3{,}2.10^{-6}$
   $= c . [H_3O^+]^2 / Ke$; $[H_3O^+] = 8.10^{-10}$ mol.L^{-1}
   pH = – log $[H_3O^+]$ = 9,1
   Vérification : le résultat est compatible avec les données du système.

154

1. $[H_2CO_3] = [CO_2] = 0{,}03.10^{-3} . 80 = 2{,}4.10^{-3}$ mol/L
   $[HCO_3^-] = 2{,}7.10^{-2}$ mol.L^{-1}
   $Ka = 7{,}9.10^{-7} = [HCO_3^-] . [H_3O^+]/[H_2CO_3]$
   $[H_3O^+] = (Ka . [H_2CO_3])/[HCO_3^-] = 7.10^{-8}$ mol.L^{-1}
   pH = – log $[H_3O^+]$ = 7,15 ; il n'est pas normal (acidose).
2. Dans ces nouvelles conditions : $[CO_2] = [H_2CO_3] = 1{,}2.10^{-3}$ mol.L^{-1}
   $[H_3O^+] = (1{,}2.10^{-3} . 7{,}9.10^{-7})/2{,}7.10^{-2} = 3{,}5.10^{-8}$ mol.L^{-1}
   pH = 7,46 ; il est normal.
3. Ajout acide : $HCO_3^- + H_3O^+ \leftrightarrow H_2CO_3 + H_2O$
   Ajout basique : $HCO_3^- + OH^- \leftrightarrow CO_3^{2-} + H_2O$

155

1. Le pouvoir tampon est maximum pour pH = pKa :
$H_3PO_4/H_2PO_4^{2-}$: pH = 2,1
$H_2PO_4^{-}/HPO_4^{2-}$: pH = 7,2
HPO_4^{2-}/PO_4^{3-} : pH = 13
2. Le plus proche du pH du plasma est le couple : $H_2PO_4^{2-}/HPO_4^{-}$.
3. $Ka_2 = [HPO_4^{2-}] . [H_3O^+]/[H_2PO_4^-]$
$pKa_2 = - \log Ka_2$; $pH = - \log [H_3O^+]$
$[H_3O^+] = Ka_2 . [H_2PO_4^-]/[HPO_4^{2-}]$
$pH = pKa_2 + \log ([HPO_4^{2-}]/[H_2PO_4^-])$
$7,5 = 7,2 + \log ([HPO_4^{2-}]/[H_2PO_4^-])$
$\log ([HPO_4^{2-}]/[H_2PO_4^-]) = 0,3$; $[HPO_4^{2-}]/[H_2PO_4^-] = 2$

156

Initialement, on dispose d'une solution de la base faible CH_3COO^-.
$Ka = [CH_3COO^-] . [H_3O^+] / [CH_3COOH] = 1,8.10^{-5}$
À $pH = 5 = - \log [H_3O^+]$; $[H_3O^+] = 10^{-5}$ mol.L^{-1}
$[CH_3COO^-]/[CH_3COOH] = 1,8$ (1)
$[CH_3COOH] + [CH_3COO^-] = 0,02$ (2)
Des 2 équations (1) et (2), on calcule que $[CH_3COOH] = 0,007$ mol
Il faut donc 0,007 mole de HCl pour neutraliser une partie de la base CH_3COO^- :
$CH_3COO^- + H_3O^+ \leftrightarrow CH_3COOH + H_2O$

157

Le couple acidobasique pris en compte est : $HCOOH/HCOO^-$
V = 100 + 150 = 250 ml
$[HCOOH] = (100 . 0,7)/250 = 0,28$ mol.L^{-1}
$[HCOO^-] = (150 . 0,5)/250 = 0,3$ mol.L^{-1}
$Ka = [HCOO^-] . [H_3O^+] / [HCOOH]$; $pH = - \log [H_3O^+]$
$[H_3O^+] = Ka . [HCOOH]/[HCOO^-]$
$pH = pKa + \log ([HCOO^-]/[HCOOH])$
$= 3,70 + 0,03 = 3,73$, soit 3,7

158

Le couple acidobasique est : NH_4^+/NH_3
$Ka = Ke/Kb = 10^{-14}/1,8.10^{-5} = 5,55.10^{-10}$; pKa = 9,26
$Ka = [NH_3] . [H_3O^+] / [NH_4^+]$
$pH = pKa + \log ([NH_3]/NH_4^+]) = 9 = 9,26 + \log ([NH_3]/[NH_4^+])$
$[NH_4^+] = 2/0,55 = 3,64$ mol.L^{-1}
m = 3,64 . 53,5 = 194,5 g

159

$[CH_3CHOHCOOH] = [CH_3CHOHCOO^-] = 0{,}1/2 = 0{,}05\ mol.L^{-1}$.
Dans ces conditions, pH = pKa = 3,9 ; Ka = $1{,}3.10^{-4}$

160

1. $KHSO_{3s} \xrightarrow{(H_2O)} K^+ + HSO_3^-$
HSO_3^- est un ion ampholyte :
$HSO_3^- + H_2O \leftrightarrow H_2SO_3 + OH^-$
$HSO_3^- + H_2O \leftrightarrow SO_3^{2-} + H_3O^+$
Espèces chimiques : H_3O^+, OH^-, K^+, H_2SO_3, HSO_3^- et SO_3^{2-}.
Équations : $Ke = [H_3O^+]\ .\ [OH^-] = 10^{-14}$ (1)
$Ka_1 = [HSO_3^-]\ .\ [H_3O^+]/[H_2SO_3]$ (2)
$Ka_2 = [SO_3^{2-}]\ .\ [H_3O^+]/[HSO_3^-]$ (3)
$[H_3O^+] + [K^+] = [OH^-] + [HSO_3^-] + 2\ [SO_3^{2-}]$ (4)
$[H_2SO_3] + [HSO_3^-] + [SO_3^{2-}] = 1$ (5) ; $[K^+] = 1\ mol.L^{-1}$
Hypothèses : $([H_3O^+] - [OH^-]) << [K^+]$
$[HSO_3^-] + 2\ [SO_3^{2-}] = 1 = [H_2SO_3] + [HSO_3^-] + [SO_3^{2-}]$
$[SO_3^{2-}] = [H_2SO_3]$
$Ka_1\ .\ Ka_2 = [H_3O^+]^2$
$pH = -\log [H_3O^+] = 1/2\ (pKa_1 + pKa_2) = 1/2\ (1{,}77 + 7{,}21) = 4{,}49$, soit 4,5.
Vérification : le résultat est compatible avec toutes les équations.

2. Cette solution, comme une solution de HCO_3Na (ions HCO_3^-), est une solution tampon. Elle en a les propriétés : pH indépendant de la concentration et les ions HSO_3^- tamponnent tout ajout d'ions H_3O^+ ou OH^- :
$HSO_3^- + H_3O^+ \leftrightarrow H_2SO_3 + H_2O$
$HSO_3^- + OH^- \leftrightarrow SO_3^{2-} + H_2O$

161

1. En solution aqueuse, la thréonine se trouve essentiellement sous la forme de l'amphion $CH_3 - CH(OH) - CH(NH_3^+) - COO^-$ qui est impliqué dans les équilibres suivants :

$CH_3 - CH(OH) - CH(NH_3^+) - COOH + H_2O \leftrightarrow CH_3 - CH(OH) - CH(NH_3^+) - COO^- + H_3O^+$

$CH_3 - CH(OH) - CH(NH_3^+) - COO^- + H_2O \leftrightarrow CH_3 - CH(OH) - CH(NH_2) - COO^- + H_3O^+$

Couple cation/amphion : pKa = 2,6
Couple amphion/anion : pKa = 10,4

Domaines de prédominance :

cation		amphion		anion pH
	2,6		10,4	

2. Un amphion du type $R - \underset{\displaystyle NH_3^+}{\underset{|}{CH}} - COO^-$ est à son point isoélectrique en solution aqueuse lorsque la charge totale est apparemment nulle : [cation] = [anion]

Ka_1 = [amphion] . $[H_3O^+]$ / [cation]

Ka_2 = [anion] . $[H_3O^+]$ / [amphion]

$Ka_1 . Ka_2$ = [anion] . $[H_3O^+]^2$ / [cation]

Au point isoélectrique : $Ka_1 . Ka_2 = [H_3O^+]^2$

$pH = 1/2\ (pKa_1 + pKa_2)$

À pH = 7,4, l'espèce prépondérante est l'amphion ; le cation et l'anion sont très minoritaires. Un calcul précis implique la résolution d'un système de 3 équations :

comme $Ka = [H_3O^+]$. [base]/[acide] : pH = pKa + log ([base]/[acide])

7,4 = 2,6 + log ([amphion]/[cation]) (I)

7,4 = 10,4 + log ([anion]/[amphion]) (II)

[cation] + [amphion] + [anion] = Co (III) (équation de conservation de la matière).

162

1. La lysine comporte 2 groupements basiques NH_2 impliquant un troisième équilibre acidobasique :

$pKa_1 : {}^+H_3N - (CH_2)_4 - \underset{\displaystyle NH_3^+}{\underset{|}{CH}} - COOH + H_2O \leftrightarrow {}^+H_3N - (CH_2)_4 - \underset{\displaystyle NH_3^+}{\underset{|}{CH}} - COO^- + H_3O^+$

(Lys ++) (Lys ++−)

$pKa_2 : {}^+H_3N - (CH_2)_4 - \underset{\displaystyle NH_3^+}{\underset{|}{CH}} - COOH + H_2O \leftrightarrow {}^+H_3N - (CH_2)_4 - \underset{\displaystyle NH_2}{\underset{|}{CH}} - COO^- + H_3O^+$

(Lys ++−) (Lys +−)

$pKa_3 : {}^+H_3N - (CH_2)_4 - \underset{\displaystyle NH_2}{\underset{|}{CH}} - COO^- + H_2O \leftrightarrow H_2N - (CH_2)_4 - \underset{\displaystyle NH_2}{\underset{|}{CH}} - COO^- + H_3O^+$

(Lys +−) (Lys−)

2.

	Lys ++		Lys ++−		Lys +−		Lys−		pH
1,5		2,18		8,94		10,54		11,5	

3.

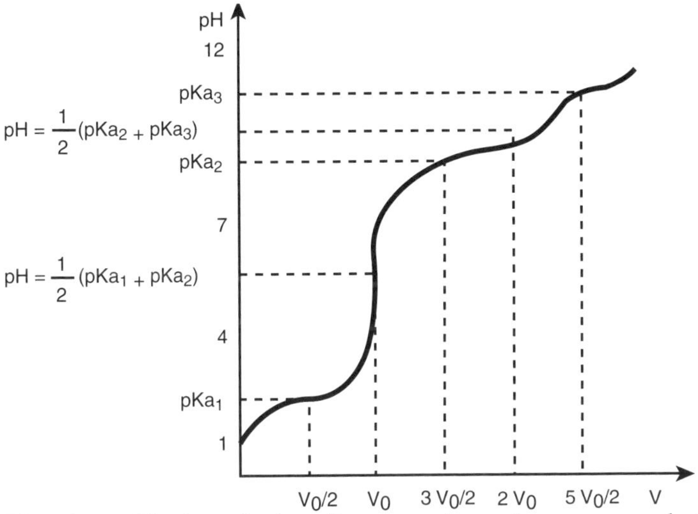

(V_0 volume d'hydroxyde de sodium – ou de soude – correspondant au premier point d'équivalence).

4. En solution aqueuse, la nature basique de la lysine va l'emporter car tout se passe comme si l'acide le plus fort Lys^{++} et la base la plus forte Lys^{-} se neutralisait, impliquant surtout la présence prépondérante de la dibase Lys^{+-} dans l'eau. Lys^{+-} se comporte comme un ampholyte :

$Lys^{+-} + H_2O \leftrightarrow Lys^{++-} + OH^-$ pKa_2

$Lys^{+-} + H_2O \leftrightarrow Lys^- + H_3O^+$ pKa_3

$pH = 1/2\ (pKa_2 + pKa_3) = 9,7$

5. La forme tribase est Lys^- et la réaction avec la solution de soude (ou d'hydroxyde de sodium) est :

$Lys^{+-} + OH^- \leftrightarrow Lys^- + H_2O$

$Cs\ .\ Vs = C\ (Lys^{+-})\ .\ V\ (Lys^{+-})$; $Vs = (0,12\ .\ 1)/0,6 = 0,2$ L

Le pH est celui de la tribase qui est une base faible (on néglige la deuxième et la troisième basicité devant la première) :

$pH = 7 + 1/2\ pKa_3 + 1/2 \log c' = 11,8$ [$c' = 0,12\ .\ 1/(1 + 0,2) = 0,1$: effet de dilution].

6. À pH = 7, l'espèce prépondérante est Lys^{++-}. Si on ajoute HCl (H_3O^+) :

$Lys^{+-} + H_3O^+ \leftrightarrow Lys^{++-} + H_2O$

À pH = 7, l'équation de neutralité électrique est :

$[H_3O^+] + [Lys^{++-}] = [OH^-] + [Cl^-]$ ($[H_3O^+] = [OH^-]$)

donc $[Lys^{++-}] = [Cl^-]$

À pH = 7, $Ka_2 \Rightarrow [Lys^{+-}]/[Lys^{++-}] = 10^{-1,94}$

$Ka_3 \Rightarrow [Lys^-]/[Lys^{+-}] = 10^{-3,5}$, impliquant que les formes Lys^{+-} et Lys^- peuvent être négligées devant Lys^{++-}. En conséquence, à l'équilibre, en tenant compte de l'effet de dilution, $[Lys^{++-}] \cong Co/2$ et dans 15 mL :

$n(Lys^{++-}) \cong [(15\ .\ 0,2)/2].10^{-3} \cong 0,9.10^{-3}$ mole.

Il faut donc ajouter 9.10^{-4} mole de HCl [$n\ (Cl^-) = n\ (HCl_0)$].

163

$CaCO_{3s} \leftrightarrow Ca^{2+} + CO_3^{2-}$
$Ks = [Ca^{2+}] . [CO_3^{2-}] = 4,7.10^{-9}$
Soit s la solubilité : $s = [Ca^{2+}] = [CO_3^{2-}]$
$Ks = s^2$; $s = 6,9.10^{-5}$ mol.L^{-1}
M ($CaCO_3$) = 100,1 g.mol^{-1} ; $s = 6,9.10^{-5} . 100,1 = 6,86.10^{-3}$ g/L.

164

$CdS_s \leftrightarrow Cd^{2+} + S^{2-}$
$s = [Cd^{2+}] = [S^{2-}]$
$Ks = [Cd^{2+}] . [S^{2-}] = s^2 = (10^{-14})^2 = 10^{-28}$
$pKs = -\log Ks = 28$

165

M = 128 g.mol^{-1} ; $s = 7,7.10^{-3}/128 = 6.10^{-5}$ mol.L^{-1}
$CaC_2O_{4s} \leftrightarrow Ca^{2+} + C_2O_4^{2-}$
$s = [Ca^{2+}] = [C_2O_4^{2-}]$
$Ks = [Ca^{2+}] . [C_2O_4^{2-}] = s^2 = (6.10^{-5})^2 = 3,6.10^{-9}$

166

$Ca_3 (PO_4)_{2s} \leftrightarrow 3 Ca^{2+} + 2 PO_4^{3-}$
$Ks = [Ca^{2+}]^3 . [PO_4^{3-}]^2$
$[Ca^{2+}] = 3 s$; $[PO_4^{3-}] = 2s$; $s = 2,5.10^{-6}$ mol.L^{-1}
$Ks = (3s)^3 \cdot (2s)^2 = 108 s^5 = 10^{-26}$

167

$Cd (OH)_{2}s \leftrightarrow Cd^{2+} + 2 OH^-$
$Ks = [Cd^{2+}] . [OH^-]^2$
$[Cd^{2+}] = s$; $[OH^-] = 2 s$
$Ks = s . (2 s)^2 = 4 s^3 = 2 . 10^{-14}$; $s = 1,7.10^{-5}$ mol.L^{-1}
$[OH^-] = 2 . 1,7.10^{-2} = 3,4.10^{-2}$ mol.L^{-1}
$Ke = [H_3O^+] . [OH^-] = 10^{-14}$; $pH = -\log [H_3O^+]$
$pH = -\log (10^{-14}/3,4.10^{-2}) = 9,5$

168

1. M (NaHU) = 190 g.mol^{-1}
n (HU^-) = 0,45/190 = 2,37.10^{-3} mol ;
[HU^-] = 2,37.10^{-3}/1,5 = 1,58.10^{-3} mol.L^{-1}

2. s = 0,85/190 = 4,5.10^{-3} mol.L^{-1}
$NaHU_s \leftrightarrow Na^+ + HU^-$
s = [Na^+] = [HU^-]
Ks = [Na^+] . [HU^-] = s^2 = $(4{,}5.10^{-3})^2$ = 2.10^{-5}

3. Si la prise de médicaments implique que [Na^+] et [HU^-] augmentent, dès que le produit de ces concentrations atteint la valeur du Ks, il y a précipitation donc crise de goutte. Il faut donc éviter pour une moyenne de 1,5 L d'urine par jour d'arriver à la saturation, c'est-à-dire une excrétion d'urate de sodium supérieure à : 4,5.10^{-3} . 190 . 1,5 = 1,28 g/jour.

4. $H_2U + H_2O \leftrightarrow HU^- + H_3O^+$
Si l'acidité augmente, l'équilibre se déplace vers la gauche impliquant une diminution de [HU^-] avec pour conséquence sur l'équilibre de précipitation :
$NaHU_s \leftrightarrow Na^+ + HU^-$
un déplacement de cet équilibre vers la droite impliquant une meilleure dissolution de l'urate.

5. L'acidification des urines n'est pas à conseiller car elle entraîne une augmentation de l'acide urique, très peu soluble, qui peut alors précipiter. La méthode la plus simple est de faire boire plus d'eau au patient pour augmenter le volume d'urine et ainsi de diminuer la concentration de l'urate par cet effet de dilution.

169

1. $AgBr_s \leftrightarrow Ag^+ + Br^-$
Ks = [Ag^+] . [Br^-] = 5.10^{-13}
s = [Ag^+] = [Br^-]
Ks = s^2 ; s = 7,1.10^{-7} mol.L^{-1}

2. [Br^-]$_0$ = 0,1 mol.L^{-1}
[Ag^+] = s ; [Br^-] = 0,1 + s
Cet effet d'ions communs va diminuer la solubilité : s << 0,1
Ks = s . 0,1 ; s = 5.10^{-12} mol.L^{-1}

170

Réactions : $Ag^+ + Cl^- \leftrightarrow AgCl_s$
$Ag^+ + 2\ NH_3 \leftrightarrow Ag\ (NH_3)_2^+$

Équations : $Ks = [Ag^+]\ .\ [Cl^-] = 1,6\ .\ 10^{-10}$

$Kst = [Ag\ (NH_3)_2^+]\ /\ ([Ag^+]\ .\ [NH_3]^2) = 1,7\ .\ 10^7$

$[Ag^+] + [Ag\ (NH_3)_2^+] = 0,003$

$[NH_3] + 2\ [Ag\ (NH_3)_2^+] = 0,5$

Hypothèses : $[Ag\ (NH_3)_2^+] >> [Ag^+]$; $[Ag\ (NH_3)_2^+] = 0,003$

$[NH_3] = 0,5 - (2\ .\ 0,003) = 0,494 \cong 0,5$ mol.L^{-1}

$[Ag^+] = [Ag\ (NH_3)_2^+]/(Kst\ .\ [NH_3]^2)$

$= 0,003/[1,7.10^7\ .\ (0,5)^2] = 7.10^{-10}$ mol.L^{-1}

Pour que AgCl précipite, il faut que la valeur du Ks soit atteinte :
$[Cl^-] > (Ks/[Ag^+])$, soit 0,229 mol/L de NaCl
m(NaCl) = 0,229 . 58,5 = 13,5 g

171

$Cr^{3+} + 4\ OH^- \leftrightarrow Cr(OH)_4^-$

$Kst = [Cr(OH)_4^-]/([Cr^{3+}]\ .\ [OH^-]^4)$

$[Cr^{3+}] + [Cr(OH)_4^-] = 0,01$

$[Cr^{3+}] << [Cr(OH)_4^-]$; $[Cr\ (OH)_4^-] = 0,01$ mol.L^{-1}

pH = 10 ; $Ke = [H_3O^+]\ .\ [OH^-] = 10^{-14}$, $[OH^-] = 10^{-4}$ mol.L^{-1}

$[Cr^{3+}] = [Cr(OH)_4^-]/(Kst\ .\ [OH^-]^4) = 0,01/[8.10^{29}\ .\ (10^{-4})^4]$

$= 1,2.10^{-16}$ mol.L^{-1}

172

1. $C = m/(M \, . \, V)$

$m = C \, . \, M \, . \, V = 0{,}1 \, . \, 185 \, . \, 50.10^{-3} = 0{,}925$ g

2. $FeSCNCl_2 \rightarrow FeSCN^{2+} + 2\,Cl^-$

$[FeSCN^{2+}] = 10^{-1}$ mol.L^{-1} ; $[Cl^-] = 2.10^{-1}$ mol.L^{-1}.

3. $FeSCN^{2+} \leftrightarrow Fe^{3+} + SCN^-$

	$FeSCN^{2+}$	Fe^{3+}	SCN^-
État initial	Co	0	0
État équilibre	Co $(1 - \alpha)$	Co α	Co α

$Kd = ([Fe^{3+}] \, . \, [SCN^-])/[FeSCN^{2+}] = (Co \, . \, \alpha^2)/(1 - \alpha)$

4. $Co = 10^{-1}$ mol.L^{-1} ; $Kd = 10^{-3}$; $\alpha = 9{,}5.10^{-2}$

5. $[Fe^{3+}] = [SCN^-] = Co\,\alpha = 9{,}5.10^{-3}$ mol.L^{-1}

$[FeSCN^{2+}] = Co\,(1 - \alpha) = 9{,}05.10^{-2}$ mol.L^{-1}

6. $Co\,\alpha = Co\,(1 - \alpha)$; $\alpha = 0{,}5$

$Co = [Kd \, . \, (1 - \alpha)]/\alpha^2 = (0{,}5.10^{-3})/(0{,}5)^2 = 2.10^{-3}$ mol.L^{-1}

7. $Ci \cdot Vi = Cf \, . \, Vf$

$Ci = 0{,}1$; $Vi = 50$; $Cf = 0{,}002$

$Vf = (0{,}1 \, . \, 50)/0{,}002 = 2\,500$ mL

Il s'agit du volume total. Comme il y a 50 mL, il suffit d'ajouter : 2 500 – 50 = 2 450 mL d'eau.

8. $\alpha = 0{,}99$

$Co = (10^{-3} \, . \, 0{,}001)/(0{,}99)^2 = 1.10^{-5}$ mol.L^{-1}

9. $FeSCN^{2+} \leftrightarrow Fe^{3+} + SCN^-$

	$FeSCN^{2+}$	Fe^{3+}	SCN^-
État initial	0	0,01	1
État équilibre	x	0,01 – x	1 – x

$Kd = [(0{,}01 - x) \, . \, (1 - x)]/x = 10^{-3}$

$(1 - x) \cong 1$ car $x < 0{,}01$; $(0{,}01 - x) = 10^{-3}$; $x \cong 0{,}01$

$[Fe^{3+}] = 10^{-5}$ mol.L^{-1} ; $[SCN^-] = 0{,}99$ mol.L^{-1} ;

$[FeSCN^{2+}] = 0{,}01$ mol.L^{-1}

10. $FeSCN^{2+} \leftrightarrow Fe^{3+} + SCN^-$ (Kd)

$Fe^{3+} + F^- \leftrightarrow FeF^{2+}$ (K'st = 1/K'd)

$FeSCN^{2+} + F^- \leftrightarrow FeF^{2+} + SCN^-$ (Kg)

11. $Kg = ([FeF^{2+}] \, . \, [SCN^-])/([FeSCN^{2+}] \, . \, [F^-])$

$K'st = [FeF^{2+}]/([FE^{3+}] \, . \, [F^-]) = 1/10^{-7} = 10^7$

$Kg = Kd \, . \, K'st = 10^{-3}.10^7 = 10^4$

12. $FeSCNCl_2 \rightarrow FeSCN^{2+} + 2\,Cl^-$

$FeSCN^{2+} + F^- \leftrightarrow FeF^{2+} + SCN^-$

	$FeSCN^{2+}$	F^-	FeF^{2+}	SCN^-
État initial	0,1	x	0	0
État équilibre	0,001	x – y	y	y

$[FeSCN^{2+}] + [SCN^-] = 0{,}1$

$[FeSCN^{2+}] = 0{,}001$; $[SCN^-] \cong 0{,}1 = y$

$Kg = y^2/[0{,}001 \, . \, (x - y)] = 10^4$; $x = 0{,}1$ mol.L^{-1}

Il faut ajouter 0,1 mol/L de F^-.

8. Oxydoréduction

QCM

118. Oxydation Réduction

A. À une oxydation correspond une perte d'électrons [ ] [x]

B. Une réduction peut se caractériser par une perte d'hydrogène [ ] [ ][1]

C. Lorsque le fer réagit dans une solution d'acide chlorhydrique, il subit une réaction d'oxydation [ ] [x]

D. Dans une solution de nitrate d'argent comportant un morceau de tournure de cuivre, l'argent est oxydé [ ] [ ][2]

E. En présence de sodium, le chlore est oxydé [ ] [ ][3]

F. Un ruban de magnésium qui s'enflamme dans un flacon d'oxygène subit une réaction d'oxydation [ ] [x]

119. Réactions d'oxydoréduction

A. L'équation-bilan de la réaction d'oxydoréduction entre le fer et une solution d'acide sulfurique est : $Fe + H_2SO_4 \rightarrow FeSO_4 + H_2$ qui se résume en écriture ionique : [ ] [x]
$Fe_s + 2\ H^+_{aq} \rightarrow Fe^{2+}_{aq} + H_{2g}$

B. Une pile Daniell est le siège d'une réaction d'oxydoréduction où les ions cuivre (II) sont oxydés et le zinc réduit [ ] [ ][4]

C. Lors de la réaction d'aluminothermie, on mélange de la poudre d'aluminium et d'oxyde de fer (III) ; l'équation-bilan de cette réaction d'oxydoréduction est : $2\ Al + Fe_2O_3 \rightarrow Al_2O_3 + Fe$ où le fer est réduit et l'aluminium oxydé [ ] [x]

D. L'équation-bilan de la réaction entre l'iodure de potassium et l'eau de brome est : $Br_2 + 3\ I^- \rightarrow 2\ Br^- + I_3^-$ où les ions iodures sont réduits [ ] [ ][5]

E. L'acide nitrique très concentré ne réagit pas sur le fer alors que l'acide dilué réagit suivant une réaction d'oxydoréduction ; cette anomalie a pour origine la formation d'un film de passivation qui protège le fer [ ] [x]

F. Le lactate de sodium est utilisé pour lutter contre l'acidose métabolique ; la première réaction a lieu dans le foie et on écrit : lactate → pyruvate + 2 H^+ qui correspond à cette réaction d'oxydoréduction [ ] [ ][6]

1) Elle peut se caractériser par un gain d'hydrogène.
2) Ag^+ est réduit, Cu est oxydé.
3) Cl_2 est réduit en 2 Cl^-, c'est Na qui est oxydé en Na^+.
4) $Zn + Cu^{2+} \rightarrow Zn^{2+} + Cu$, le zinc est oxydé et les ions cuivre (II) sont réduits.
5) Les ions iodures I^- sont réduits en I_3^-.
6) Non, il s'agit de la demi-équation d'oxydation ; lors de toute réaction d'oxydoréduction, l'oxydation implique obligatoirement une réduction. Dans cet exemple, c'est DNP^+ qui est réduit en DNPH : lactate + DNP^+ → pyruvate + DNPH + H^+.

120. Nombre d'oxydation
Quelles sont les nombres (ou degrés) d'oxydation corrects ?

- [x] [ ] A $SO_2 : S : +4, O : -2$
- [ ] 1 [ ] B. $H_2SO_4 : S : +4, H : +1, O : -2$
- [ ] 2 [ ] C. $SO_4^{2-} : S : +4, O : -2$
- [ ] 3 [ ] D. $NaH : H : +1, Na : -1$
- [x] [ ] E. $H_2O_2 : H : +1, O : -1$
- [x] [ ] F. $CH_3CO_2H : H : +1, C : 0, O : -2$

121. Couples oxydant/réducteur (ou couples rédox)
Quelles sont les demi-équations correctes correspondant aux couples suivants ?

- [x] [ ] A. $Fe^{3+}/Fe^{2+} : Fe^{3+} + e^- \leftrightarrow Fe^{2+}$
- [ ] 4 [ ] B. $H^+/H_2 : 2 H^+ + e^- \leftrightarrow H_2$
- [ ] 5 [ ] C. $SO_4^{2-}/SO_2 : SO_4^{2-} + 2 H^+_{aq} + 2 e^- \leftrightarrow SO_2 + H_2O$
- [x] [ ] D. $O_2/H_2O_2 : O_2 + 2 H_3O^+ + 2 e^- \leftrightarrow H_2O_2 + 2 H_2O$
- [ ] 6 [ ] E. $IO_4^-/IO_3^- : IO_4^- + H_2O + e^- \leftrightarrow IO_3^+ + 2 OH^-$
- [ ] 7 [ ] F. $CH_3CO_2H/CH_3CH_2OH : CH_3CO_2H + 2 H_3O^+ + 2 e^- \leftrightarrow CH_3CH_2OH + 2 H_2O$
- [x] [ ] G. $DPN^+/DPNH : DPN^+ + 2 H^+ \leftrightarrow DPNH + H^+$

***Remarque :** on peut utiliser indifféremment en milieu acide l'écriture : H^+_{aq} ou plus simplement H^+ ou encore H_3O^+ ; pour ce dernier, il faut en tenir compte lors de l'équilibrage de la réaction.*

122. Équations d'oxydoréduction
Quelles sont les équations d'oxydoréduction correctes ?

- [ ] 8 [ ] A. $2 HNO_2 + 2 HI \rightarrow 2 NO + I_2$
- [ ] 9 [ ] B. $6 Fe^{2+} + Cr_2O_7^{2-} + 14 H^+ \rightarrow 6 Fe^{3+} + Cr^{3+} + 7 H_2O$
- [x] [ ] C. $3 S^{2-} + 2 NO_3^- + 8 H^+ \rightarrow 3 S + + 2 NO + 8 Cl^-$
- [ ] 10 [ ] D. $S^{2-} + 8 OH^- + 2 Cl_2 \rightarrow SO_4^{2-} + 4 H_2O + 4 Cl^-$
- [x] [ ] E. $H_2O_2 + OH^- \rightarrow H_2O + HO_2^-$
- [ ] 11 [ ] F. $S_2O_3^{2-} + S_2O_3^{2-} + 4 H^+ \rightarrow S + SO_2 + 2 H_2O$

1) $S : +6, H : +1, O : -2$.
2) $S : +6, O : -2$.
3) $Na : +1, H : -1$.
4) $2 H^+ + 2 e^- \leftrightarrow H_2$.
5) $SO_4^{2-} + 4 H^+_{aq} + 2 e^- \leftrightarrow SO_2 + 2 H_2O$.
6) $IO_4^- + H_2O + 2 e^- \leftrightarrow IO_3^- + 2 OH^-$
7) $CH_3CO_2H + 4 H_3O^+ + 4 e^- \leftrightarrow CH_3CH_2OH + 5 H_2O$.
8) $2 HNO_2 + 2 HI \rightarrow 2 NO + I_2 + 2 H_2O$.
9) $6 Fe^{2+} + Cr_2O_7^{2} + 14 H^+ \rightarrow 6 Fe^{3+} + 2 Cr^{3+} + 7 H_2O$.
10) $S^{2-} + 8 OH^- + 4 Cl_2 \rightarrow SO_4^{2-} + 4 H_2O + 8 Cl^-$.
11) $2 S_2O_3^{2-} + 4 H^+ \rightarrow 2 S + 2 SO_2 + 2 H_2O$: réaction de dismutation, la forme oxydée de $S_2O_3^{2-}$ réagit sur la forme réduite de $S_2O_3^{2-}$.

123. Dosages d'oxydoréduction

A. La normalité oxydante d'une solution de bichromate de potassium $K_2Cr_2O_7$ 0,02 M est 0,06 N ☐ ☐[1]

B. On dose une solution d'ions fer (II) par une solution de permanganate de potassium $KMnO_4$ 0,02 M en milieu acide ; il faut verser 12,4 mL de cette solution pour faire virer 10 mL de solution Fe^{2+} ; on en déduit que $[Fe^{2+}]_0 = 0{,}0248$ mol.L^{-1} ☐ ☐[2]

C. La concentration molaire initiale d'une solution d'iode est de 8.10^{-2} mol.L^{-1}, sachant qu'il faut 16 mL de solution de thiosulfate de sodium $Na_2S_2O_3$ 0,1 M en présence d'empois d'amidon pour décolorer 10 mL de solution d'iode ☐ ☒

D. On dose 10 mL d'acide oxalique ($CO_2/H_2C_2O_4$) par une solution de permanganate de potassium $KMnO_4$ 0,1 M en milieu acide ; le virage a lieu pour 12 mL de solution oxydante ; on en déduit que $[H_2C_2O_4]_0 = 0{,}15$ mol.L^{-1} ☐ ☐[3]

124. Potentiel d'électrode

A. Un couple oxydant/réducteur (ou rédox) définit une demi-pile ☐ ☒

B. Le potentiel d'électrode ou potentiel d'oxydoréduction (ou rédox) est défini par la différence de potentiel de la pile : $Pt/H_2/H^+$ | | Ox/Red ☐ ☒

C. Le potentiel standard d'oxydoréduction d'un couple est défini à 298 K avec [Ox] = [Red] ☐ ☒

D. Tous les métaux plus réducteurs que l'hydrogène ont un potentiel standard d'oxydoréduction positif ☐ ☐[4]

E. L'utilisation comme électrode de référence d'une électrode au calomel qui a un potentiel de + 0,25 V par rapport à l'électrode à hydrogène conduit à une mesure de la f.e.m. de la pile de – 0,10 V ; le potentiel d'électrode du couple est donc de – 0,35 V par rapport à l'électrode à hydrogène ☐ ☐[5]

1) N = 0,12 mol.e$^-$/L.
2) $[Fe^{2+}]_0 = 0{,}124$ mol.L^{-1}.
3) $[H_2C_2O_4]_0 = 0{,}3$ mol.L^{-1}.
4) Il s'agit de tous les métaux moins réducteurs que l'hydrogène.
5) + 0,15 V.

125. Relation de Nernst

Soit E le potentiel de l'électrode et E° le potentiel standard du couple oxydant/réducteur envisagé, quelles sont les relations de Nernst correctes ?

- ☐ [1] ☐ A. Fe^{2+}/Fe : $E = E^\circ + \frac{RT}{2F} \ln \frac{[Fe^{2+}]}{[Fe]}$
- ☒ ☐ B. Fe^{3+}/Fe^{2+} : à 298 K (25 °C), $E = E^\circ + 0{,}059 \log_{10} \frac{[Fe^{3+}]}{[Fe^{2+}]}$
- ☐ [2] ☐ C. $F_{2g} / 2\,F^-$: $E = E^\circ + \frac{RT}{2F} \ln \frac{p_{F2}}{[Fe^-]}$
- ☒ ☐ D. $Br_{2aq}/2\,Br^-$: à 25 °C, $E = E^\circ + 0{,}03 \log_{10} \frac{Br_2}{[Br^-]^2}$
- ☒ ☐ E. $Cr_2O_7^{2-}/Cr^{3+}$ en milieu acide : $E = E^\circ + \frac{RT}{6F} \ln \frac{Cr_2O_7^{2-} \cdot [H^+]^{14}}{[Cr^{3+}]^2}$
- ☐ [3] ☐ F. O_{2g}/OH^- : à 25 °C, $E = E^\circ + 0{,}03 \log_{10} \frac{p_{O2}}{[OH^-]^2}$

126. Relation de Nernst. Applications

- ☐ [4] ☐ A. Une pile est le siège de la réaction : $Sn^{2+}_{aq} + Cd_s \leftrightarrow Sn_s + Cd^{2+}_{aq}$ [$E^\circ(Sn^{2+}/Sn) = -0{,}14$ V ; $E^\circ(Cd^{2+}/Cd) = -0{,}40$ V] ; on en déduit que, dans les conditions standard, la f.e.m. de la pile est de – 0,54 V
- ☐ [5] ☐ B. Une mesure au pH–mètre repose sur une application de la relation de Nernst appliquée au couple H^+/H_2 : $E = 0{,}059$ pH à 25 °C
- ☒ ☐ C. À 25 °C et pH = 5, le potentiel d'électrode standard du couple MnO_4^-/Mn^{2+} est de 1,03 V (pH = 0 : $E^\circ = 1{,}51$ V)
- ☐ [6] ☐ D. Une pile est le siège de la réaction : $2\,Al_s + 3\,Mn^{2+}_{aq} \rightarrow 2\,Al^{3+}_{aq} + 3\,Mn_s$. Dans les conditions standard et pour $[Mn^{2+}] = 0{,}1$ mol.L^{-1}, $[Al^{3+}] = 1{,}5$ mol.L^{-1}, on en déduit que la f.e.m. de la pile est de 0,42 V
- ☒ ☐ E. La connaissance de $\Delta G^\circ_{298K} = -6{,}5$ kJ.mol^{-1} permet de calculer la f.e.m. = 0,03 V entre les 2 couples de la réaction : acétone + NADH + H^+ $\leftrightarrow$ isopropanol + NAD^+

1) $E = E^\circ + \frac{RT}{2\,F} \ln [Fe^{2+}]$

2) $E = E^\circ + \frac{RT}{2F} \ln \frac{p_{F2}}{[F^-]^2}$

3) $E = E^\circ + 0{,}015 \log_{10} \frac{p_{O_2}}{[OH^-]^4}$

4) La f.e.m. est de 0,26 V.

5) $E = -0{,}059$ pH.

6) La f.e.m. est de 0,45 V.

127. **Réactions d'oxydoréduction possibles et impossibles**
Dans les conditions standard, quelles sont les réactions d'oxydoréduction envisagées entre 2 couples possibles :
$E^\circ(I_2/I^-) = 0{,}54$ V ; $E^\circ(Fe^{3+}/Fe^{2+}) = 0{,}67$ V ; $E^\circ(Br_2/Br^-) = 1{,}06$ V ;
$E^\circ(Cr_2O_7^{2-}/Cr^{3+}) = 1{,}33$ V (pH = 0) ; $E^\circ(H_2O_2/H_2O) = 1{,}77$ V ?

A. $Fe^{3+} + I$ ☐ ☒
B. $Fe^{3+} + Br^-$ ☐ ☐[1]
C. $Cr_2O_7^{2-} + Fe^{2+} + x\,H^+$ ☐ ☒
D. $H_2O_2 + I^-$ ☐ ☒
E. $Cr^{3+} + Br^-$ ☐ ☐[2]
F. Dans les milieux biologiques à un pH voisin de 7, on utilise et compare les potentiels d'électrodes apparents déterminés pour un pH = 7 ☐ ☒

128. **Calcul des constantes d'équilibre des réactions d'oxydoréduction**

A. On envisage la réaction d'oxydation des ions fer (II) par l'oxygène gazeux en milieu acide [$E^\circ(O_{2g}/H_2O) = 1{,}23$ V ; $E^\circ(Fe^{3+}/Fe^{2+}) = 0{,}77$ V] ; on en déduit que la constante d'équilibre de cette réaction à 25 °C est $K = 10^{15}$ ☐ ☐[3]
B. La constante d'équilibre K de la réaction d'oxydoréduction entre IO_3^- et Cu à 25 °C est $K = 10^{145}$ [$E^\circ(IO_3^-/I_2) = 1{,}2$ V ; $E^\circ(Cu^{2+}/Cu) = 0{,}34$ V] ☐ ☒
C. À 2 °C, la f.e.m. d'une pile est de 0,21 V, la constante d'équilibre de la réaction dont elle est le siège $K = 1{,}3.10^7$; on en déduit que le nombre d'électrons transférés n = 2 ☐ ☒
D. L'acide lactique est oxydé en acide pyruvique en milieu acide par les ions bichromate [$E^\circ(CH_3COCO_2H\ /\ CH_3CHOHCO_2H) = -\,0{,}19$ V ; $E^\circ(Cr_2O_7^{2-}\ /\ Cr^{3+}) = 1{,}33$ V] ; on en déduit que la réaction peut être considérée comme totale car sa constante d'équilibre $K = 10^{152}$ à 25 °C ☐ ☒
E. Pour qu'une réaction d'oxydoréduction soit véritablement équilibrée, il faut que les valeurs des potentiels des 2 couples soient très différentes ☐ ☐[4]

1) Le potentiel oxydant de Fe^{3+} est insuffisant.
2) Impossible car ce sont 2 formes réduites.
3) $K = 10^{31}$.
4) Les valeurs doivent être très voisines.

129. Piles. Applications

[1] A. Dans une pile, les polarités de l'anode et la cathode sont respectivement + et –

B. Une pile est le siège d'une réaction d'oxydoréduction spontanée

[2] C. Les piles de type Leclanché font intervenir les couples : Zn^{2+}/Zn et MnO_2/Mn_2O_3 ; le zinc est oxydé par Mn_2O_3

[3] D. Soit la pile siège de la réaction :
$2\,Ag^+ + Cu \rightarrow 2\,Ag + Cu^{2+}$ $\Delta G^\circ_{298K} = -\,89{,}2\ kJ.mol^{-1}$;
on en déduit que la f.e.m. = 0,92 V

E. Dans une pile à combustible à hydrogène, on a :
à l'anode : $2\,H_2 + 4\,OH^- \rightarrow 4\,e^- + 4\,H_2O$
à la cathode : $O_2 + 2\,H_2O + 4\,e^- \rightarrow 4\,OH^-$

[4] F. Si un dentiste place une couronne en or à coté d'une couronne en acier, l'or va se dégrader

130. Cellules d'électrolyse. Batterie. Applications

A. Dans une cellule d'électrolyse, la cathode constitue le pôle –

[5] B. Un électrolyseur contient du chlorure d'étain (II) dans une solution diluée d'acide chlorhydrique ; on observe la formation d'un dépôt d'étain et un dégagement de chlore ; sachant que l'intensité I = 4 A, en 1 minute, on récupère une masse d'étain m = 0,58 g

[6] C. Il faut 2,61 kg de chlorure de sodium pour obtenir 1 m^3 de chlore dans les conditions normales lors de l'électrolyse d'une solution de NaCl

[7] D. Pour obtenir 1 tonne d'aluminium par électrolyse avec une d.d.p. de 4,5 V, il faut fournir 1,48 . 10^3 Kwh

E. Une cuve à électrolyse contient du nitrate d'argent et du nitrate de cuivre ; pour récupérer séparément l'argent et le cuivre, on fait 2 opérations, sachant qu'à l'anode : $2\,H_2O \rightarrow O_2 + 4\,e^- + 4\,H^+$ ($E^\circ = 1{,}23$ V) ; lors de la première opération, pour que Ag se dépose, on applique une d.d.p. comprise entre 0,43 V et 0,89 V et, lors de la deuxième opération, pour que Cu se dépose, la d.d.p doit être supérieure à 0,89 V [$E^\circ(Ag^+/Ag) = 0{,}8$ V ; $E^\circ(Cu^{2+}/Cu) = 0{,}34$ V]

F. Lors de la charge d'une batterie au plomb, 600 g de Pb sont transformés en $PbSO_{4s}$; on en déduit que la masse de PbO_2 réduit à la cathode est de 693 g

1) Anode : –, cathode : +.
2) Zn est oxydé par MnO_2.
3) La f.e.m. = 0,46 V.
4) L'or est plus noble que l'acier, il sera la cathode d'une pile dont l'anode qui se corrode est l'acier.
5) m = 0,29 g.
6) Il faut 5,22 kg de NaCl.
7) Il faut fournir 4,43 · 10^3 KWH.

173

On donne les potentiels standard suivants :

Couple d'oxydoréduction :	Cl_2/Cl^-	NO_3^-/NO	O_2/OH^-	H^+/H_2	Cu^{2+}/Cu
Potentiels standard en volts :	1,36	0,96	0,40	0	0,34

HCl, HNO_3, O_2 réagissent-ils sur le cuivre pour l'oxyder ? Écrire les équations d'oxydoréduction possibles en définissant les demi-équations électroniques.

174

Soient les 2 couples redox suivants :

(a) $MnO_4^- + \ldots + \ldots . \rightarrow Mn^{2+} + \ldots$ $E° = 1,5$ V

(b) $C_2O_4H_2 \rightarrow 2\ CO_2 + \ldots + \ldots$ $E° = 0,2$ V

Équilibrer les demi-équations (a) et (b) et écrire l'équation-bilan d'oxydoréduction.

175

Donner le potentiel apparent de l'électrode à oxygène :

$O_2 + 2\ H_2O + 4\ e^- \leftrightarrow 4\ OH^-$ à pH = 14, 10, 7 et 0, sachant que le potentiel standard est de 0,40 V.

176

En milieu basique, les ions CN^- sont oxydés en ions CNO^- par les ions MnO_4^- qui sont réduits en MnO_2. Écrire en la détaillant l'équation-bilan d'oxydoréduction correspondant à cette réaction.

177

Montrer que la réaction de dismutation de l'eau oxygénée H_2O_2 est possible. Écrire les demi-équations définissant les couples et l'équation d'oxydoréduction [E° (H_2O_2/H_2O) = 1,77 V ; E° (O_2/H_2O_2) = 0,68 V].

178

On considère les couples d'oxydoréduction : I_2/I^- ($E°_1$) et $S_4O_6^{2-}/S_2O_3^{2-}$ ($E°_2$).

1. Écrire les demi-équations électroniques et l'équation-bilan d'oxydoréduction envisageable sachant que $E°_1 > E°_2$.
2. Il faut 8 ml d'une solution 0,1 M d'iode pour oxyder totalement 10 mL de solution de $Na_2S_2O_3$. Calculer la concentration molaire de cette solution.

179

L'acide pyruvique constitue le produit de dégradation (par oxydation) de l'acide lactique CH_3–CHOH–COOH. On définit pour ce couple redox un potentiel standard à pH = 7 de – 0,19 V ; celui du couple $NADH/NAD^+$ dans les mêmes conditions est de – 0,32 V.

1. Écrire les 2 demi-réactions définissant ces couples.
2. Écrire l'équation-bilan d'oxydoréduction de NADH par l'acide pyruvique.
3. Cette réaction est-elle spontanée ?

180

À 25 °C et pH = 7 :

$\Pi°$ [COOH–$(CH)_2$–COOH / COOH–$(CH_2)_2$–COOH] = 0,03 V (fumarate/succinate)

$\Pi°$ ($FAD/FADH_2$) = – 0,06 V

1. Écrire l'équation-bilan de la réaction d'oxydoréduction possible.
2. Calculer sa constante d'équilibre et son enthalpie libre dans les conditions standard.

181

Écrire la demi-équation électronique des différents couples et exprimer la relation de Nernst à 25 °C correspondante.

1. $O_{2g}/O^-_{2\,aq.}$
2. $O^-_{2\,aq}/H_2O_{2aq.}$
3. $O_{2g}/H_2O_{2aq.}$

182

Dans les conditions standard, on constitue une pile en utilisant les couples redox : Cd^{2+}/Cd (E_1° = 0,40 V) et Ni^{2+}/Ni (E_2° = – 0,25 V) ;

1. Définir les demi-réactions d'oxydation anodique et de réduction cathodique, l'équation-bilan d'oxydoréduction qui a lieu dans la pile.
2. Pour quel rapport des concentrations $[Cd^{2+}] / [Ni^{2+}]$ la pile s'arrêtera ?

EXERCICES

183

Le lactate de sodium est administré à des patients pour lutter contre une acidose. Il est préparé en faisant réagir de l'hydroxyde de sodium sur de l'acide lactique $CH_3CHOHCOOH$.

La première réaction métabolique à 37 °C et pH = 7,4 a lieu dans le foie où le lactate est oxydé en pyruvate par DNP^+. Les couples redox qui interviennent sont :

pyruvate + 2 H^+ + 2 e^- $\leftrightarrow$ lactate $\Pi°_1 = -0,19$ V

DNP^+ + $2H^+$ + 2 e^- $\leftrightarrow$ DNPH + H^+ $\Pi°_2 = -0,32$ V

Calculer la valeur minimun du rapport [lactate]/[pyruvate] pour que le rapport [DNP^+] / [DNPH] = 1/300 pour permettre cette oxydation.

184

Le montage d'une pile permet de mesurer le pH des solutions. Les mesures électriques sont les plus précises. L'électrode de référence est une électrode au calomel et l'autre demi-pile est constituée d'une électrode à quinhydrone. Schématiquement, on la représente de la façon suivante :

Pt|Hg|Hg_2Cl_2 || KCl saturé || solution X | Pt
(KCl 0,1 M) (avec de la quinhydrone)

Pour une solution tampon (à la place de X) à pH = 4 : le voltmètre indique 0,221 V.

Si X est, par exemple, un liquide pancréatique, le voltmètre indique 0,015 V. En déduire le pH du liquide pancréatique. La température est de 25 °C.

CORRIGÉS

173

HCl ne réagit pas sur le cuivre car le couple H^+/H_2 a un potentiel moins élevé que celui du cuivre. En revanche, O_2 et HNO_3 réagissent .

$Cu \rightarrow Cu^{2+} + 2\,e^-$ (× 2)

$O_2 + 2\,H_2O + 4\,e^- \rightarrow 4\,OH^-$

$2\,Cu + O_2 + 2\,H_2O \rightarrow 2\,Cu^{2+} + 4\,OH^-$

$Cu \rightarrow Cu^{2+} + 2\,e^-$ (× 3)

$NO_3^- + 4\,H^+ + 3\,e^- \rightarrow NO + 2\,H_2O$ (× 2)

$3\,Cu + 2\,NO_3^- + 8\,H^+ \rightarrow 3\,Cu^{2+} + 2\,NO + 4\,H_2O$

Remarque : dans un souci de simplification, nous utilisons directement H^+ et non H_3O^+ ; par exemple, la dernière ligne s'écrit alors :

$3\,Cu + 2\,NO_3^- + 8\,H_3O^+ \rightarrow 3\,Cu^{2+} + 2\,NO + 12\,H_2O$.

174

Les ions permanganate en milieu acide oxydent l'acide oxalique :

$MnO_4^- + 8\ H^+ + 5\ e^- \rightarrow Mn^{2+} + 4\ H_2O$ (× 2)

$C_2O_4H_2 \rightarrow 2\ CO_2 + 2\ H^+ + 2\ e^-$ (× 5)

$2\ MnO_4^- + 5\ C_2O_4H_2 + 6\ H^+ \rightarrow 2\ Mn^{2+} + 10\ CO_2 + 8\ H_2O$

175

Le potentiel standard correspond à $[OH^-] = 1\ mol.L^{-1}$ donc pH ==14.

Soit E'° le potentiel apparent : E'° (pH = 14) = 0,40 V

$$E = E° + \frac{R\ T}{4\ F} \ln \frac{p(O_2)}{[OH^-]^4}$$

$$E'° = E° - \frac{R\ T}{F} \ln [OH^-]$$

$$= 0{,}40 - 0{,}059 \log [OH^-]$$

Comme : $Ke = [H_3O^+] . [OH^-] = 10^{-14}$; $\log [OH^-] = -14 + pH$

E'° = 0,40 + 0,059 (14 – pH)

E'° (pH = 10) = 0,64 V

E'° (pH = 7) = 0,81 V

E'° (pH = 0) = 1,23 V

À pH = 0, on retrouve le potentiel standard de réduction de l'oxygène :

$1/2\ O_2 + 2\ H^+ + 2\ e^- \leftrightarrow H_2O$

176

$CN^- + 2\ OH^- \rightarrow CNO^- + + H_2O + 2\ e^-$ (× 3)

$MnO_4^- + 2\ H_2O + 3\ e^- \rightarrow MnO_2 + 4\ OH^-$ (× 2)

$2\ MnO_4^- + 3\ CN^- + H_2O \rightarrow 3\ CNO^- + 2\ MnO_2 + 2\ OH^-$

177

H_2O_2 peut réagir sur H_2O_2 en étant réduit en eau et oxydée en oxygène. Le potentiel de H_2O_2 oxydant étant supérieur à celui où H_2O_2 est la forme réduite, la réaction de dismutation est possible.

$H_2O_2 + 2\ H^+ + 2\ e^- \rightarrow 2\ H_2O$

$H_2O_2 \rightarrow O_2 + 2H^+ + 2\ e^-$

$H_2O_2 + H_2O_2 \rightarrow O_2 + 2\ H_2O$

178

1. L'iode oxyde les ions thiosulfates :

$I_2 + 2\ e^- \rightarrow 2\ I^-$

$2\ S_2O_3^{2-} \rightarrow S_4O_6^{2-} + 2\ e^-$

$I_2 + 2\ S_2O_3^{2-} \rightarrow 2\ I^- + S_4O_6^{2-}$

2. $N_1 . V_1 = N_2 . V_2$

$N_1 = 2 . 0,1 = 0,2$; $N_2 = (8 . 0,2)/10 = 0,16$ mol e^-/L

$[S_2O_3^{2-}]_0 = 0,16\ mol.L^{-1}$

179

1. $CH_3 - CO - COOH + 2\ H^+ + 2\ e^- \leftrightarrow CH_3 - CHOH - COOH$ (1)

$NAD^+ + H^+ + 2\ e^- \leftrightarrow NADH$ (2)

2. $CH_3 - CO - COOH + NADH + H^+ \rightarrow CH_3 - CHOH - COOH + NAD^+$

3. Soit $\Delta G'^\circ$ la variation d'enthalpie de cette réaction d'oxydoréduction et $\Delta G'^\circ_{(1)}$ et $\Delta G'^\circ_{(2)}$ celles des demi-équations.

$\Delta G'^\circ_{(1)} = - 2\ F\ \Pi^\circ_{(1)}$ (Π : potentiel à pH = 7)

$\Delta G'^\circ_{(2)} = - 2\ F\ \Pi^\circ_{(2)}$

$\Delta G'^\circ = \Delta G'^\circ_{(1)} - \Delta G'^\circ_{(2)} = - 2\ F\ (\Pi^\circ_{(1)} - \Pi^\circ_{(2)})$

$= - 2 . 96\ 500 . (0,19 + 0,32)$

$= - 98\ 430$ J, soit $- 98,4$ kJ

$\Delta G < 0$: la réaction est spontanée.

180

1. $COOH - (CH)_2 - COOH + FADH_2 \leftrightarrow COOH - (CH_2)_2 - COOH + FAD$

2. $\Delta G^\circ_{298K} = - \Delta\Pi^\circ . n . F$

$\Delta\Pi^\circ = \Pi^\circ - \Pi'^\circ = 0,03 - (- 0,06) = 0,09$ V ; n = 2 ; F = 96 500

$\Delta G^\circ_{298K} = - 17\ 370$ J, soit $- 17,4$ kJ

$\ln K = (- \Delta G^\circ_{298K})/(R\ T) = 17\ 370/(8,32 . 298) = 7$

$K = 1,1 . 10^3$

181

1. $O_{2g} + e^- \leftrightarrow O^-_{2\,aq}$; $E_a = E^\circ_a + 0,059 \log [p(O_2)/[O_2^-]]$

2. $O^-_{2\,aq} + 2\ H^+ + e^- \leftrightarrow H_2O_{2aq}$;

$E_b = E^\circ_b + 0,059 \log (([O_2^-] . [H^+]^2)/[H_2O_2])$

3. $O_{2g} + 2\ H^+ + 2\ e^- \leftrightarrow H_2O_{2aq}$;

$E_c = E^\circ_c + (0,059/2) \log((p(O_2) . [H^+]^2)/[H_2O_2])$

182

1. Le potentiel du couple Ni^{2+}/Ni est le plus élevé, Ni^{2+} oxyde Cd :
– oxydation anodique : $Cd \rightarrow Cd^{2+} + 2\,e^-$
– réduction cathodique : $Ni^{2+} + 2\,e^- \rightarrow Ni$

$$Ni^{2+} + Cd \rightarrow Ni + Cd^{2+}$$

2. f.e.m. = $\Delta E° = E_2^\circ - E_1^\circ = -0{,}25 - (-0{,}40) = 0{,}15$ V
À 25 °C, la relation de Nernst :
$\Delta E = \Delta E° - (0{,}059/n) \log ([Cd^{2+}] / [Ni^{2+}])$ (n = 2)
Dans les conditions standard initiales : $[Cd^{2+}]_0 = [Ni^{2+}]_0 = 1$ mol.L^{-1} ; le fonctionnement de la pile consomme Ni^{2+} et produit Cd^{2+}. La f.e.m. sera nulle lorsque :
$\Delta E° = (0{,}059/2) \log ([Cd^{2+}] / [Ni^{2+}]) = 0{,}15$
$\log ([Cd^{2+}]/[Ni^{2+}]) = 5{,}08$; $[Cd^{2+}] / [Ni^{2+}] = 1{,}2 \,.\, 10^{-6}$
Cette valeur implique que la réaction peut être considérée comme totale.

183

On utilise les relations à 25 °C en première approximation.
L'équation-bilan de la réaction d'oxydation du lactate est :
lactate + $DNP^+ \leftrightarrow$ pyruvate + DNPH + H^+
La réaction est spontanément possible si $\Delta G < 0$. Lorsque $\Delta G = 0$, on est à l'équilibre et : $\Delta\Pi = 0$.
Comme $\Delta G = -n F \Delta\Pi$ et que $\Delta\Pi = \Pi_2 - \Pi_1$; on a : $\Pi_2 = \Pi_1$
$\Pi°_2 + (0{,}059/2) \log ([DNP^+] / [DNPH]) = \Pi°_1 + (0{,}059/2) \log ([pyr.]/[lact.])$.
$\log ([pyruvate]/[lactate]) = (\Pi_2^\circ - \Pi_1^\circ)/(0{,}059/2) + \log ([DNP^+]/[DNPH])$
$= [(-0{,}32) - (-0{,}19)]/(0{,}059 / 2) + \log (1/300)$
$= -6{,}89$
Le rapport [lactate]/[pyruvate] doit donc être au moins égal à $7{,}8.10^6$.

184

Soient Ec et Eq, les potentiels de l'électrode au calomel et de l'électrode à quinhydrone.
$Eq = E°q - 0{,}059 \,.\, pH$ (à pH = 0 : Eq = E°q)
À 25 °C, avec la solution tampon : $\Delta Et = Eq - Ec$
$= (E°q - 0{,}059 \,.\, pH_t) - Ec$.
Avec la solution X : $\Delta Ex = Ec - Eq = Ec - (E°q - 0{,}059 \,.\, pH_X)$.
On peut écrire que : $\Delta Et + \Delta Ex = (-0{,}059 \,.\, pH_t) + (0{,}059 \,.\, pH_X)$.
On a ainsi une relation qui nous permet de calculer pH_X ($pH_t = 4$).
$0{,}059 \,.\, pH_X = (0{,}221 + 0{,}015) + (0{,}059 \,.\, 4)$.
$pH_X = 8$; le pH du liquide pancréatique est de 8.

9. Cinétique chimique

131. **Notion de vitesse de réaction**
Soit la réaction : $CH_3CHO_g \rightarrow CH_{4g} + CO_g$ étudiée à une température T dans un réacteur de volume V

A. Pour suivre la cinétique de cette réaction, il suffit de suivre l'évolution de la pression totale P ☐ ☒
B. La vitesse moyenne de cette réaction entre 2 instants t_1 et t_2 est : $Vm = (P_2 - P_1)/(t_2 - t_1)$ ☐ ☒
C. Cette vitesse moyenne est constante pendant la totalité du déroulement de la réaction ☐ ☐
D. La vitesse instantanée Vt est définie à partir de la détermination expérimentale de la pente de la tangente de la courbe P = f(temps) pour différentes valeurs de t dont t = 0 ☐ ☒
E. Généralement, on exprime la vitesse de réaction en $mol.L^{-1}.s^{-1}$; pour cet exemple :

$$Vm = \frac{1}{RT}\frac{(P_2 - P_2)}{(t_2 - t_1)} \text{ et } Vt = \frac{1}{RT}\frac{dp}{dt}$$ en utilisant les bonnes unités ☐ ☒

F. Par définition $Vt = d[CH_3CHO]/dt = d[CH_4]/dt = d[CO]/dt$ ☐ ☐

132. **Vitesse de réaction et stoechiométrie**
Soit la réaction : $2\ N_2O_{5g} \rightarrow 4\ NO_{2g} + O_{2g}$ étudiée dans un réacteur de volume V à une température T

A. $Vt = d[NO_2]/dt = d[O_2]/dt$ ☐ ☐
B. $Vt = -1/2\ d[N_2O_5]/dt$ ☐ ☒
C. La vitesse de disparition de N_2O_5 est de 4.10^{-7} $mol.L^{-1}.s^{-1}$; on en déduit que la vitesse d'apparition de NO_2 est de 8.10^{-7} $mol.L^{-1}.s^{-1}$ et celle de O_2 de 2.10^{-7} $mol.L^{-1}.s^{-1}$ ☐ ☒
D. La vitesse de la réaction est de 4.10^{-7} $mol.L^{-1}.s^{-1}$ ☐ ☐
E. Les conditions expérimentales correspondent à une étude statique ☐ ☒

1) La vitesse moyenne varie lors de l'avancement.
2) $Vt = - d[CH_3CHO]/dt = d[CH_4]/dt = d[CO]/dt$ (CH_3CHO disparaît et la valeur de la vitesse est toujours positive).
3) $Vt = 1/4\ d[NO_2]/dt = d[O_2]/dt$.
4) La vitesse de la réaction est de 2.10^{-7} $mol.L^{-1}.s^{-1}$.

133. Influence de la température

A. Dans le modèle des collisions, pour qu'un réactif A réagisse sur un réactif B, il suffit :
– d'une rencontre entre A et B
– d'un minimum d'énergie pour rendre le choc efficace [1]

B. Deux réactions qui ont la même énergie d'activation ont leur vitesse qui varie de façon identique avec la température [2]

C. La constante de vitesse k = 0,175 $mol.s^{-1}$ à 20 °C ;
à 60 °C elle est de 68 $mol^{-1}.s^{-1}$, sachant que E = 121 $kJ.mol^{-1}$

D. Une réaction est 190 fois plus rapide à 50 °C qu'à 0 °C ;
on en déduit que son énergie d'activation est E = 76,7 $kJ.mol^{-1}$

E. Une réaction a une énergie d'activation E = 182 $kJ.mol^{-1}$,
la constante de vitesse k à 700 °C est $k_{700C} = 1,57 . 10^{-5}\ mol^{-1}.s^{-1}$;
on en déduit k à 800 °C : $k_{800C} = 1,36 . 10^{-4}\ mol^{-1}.s^{-1}$ [3]

F. Une réaction d'énergie d'activation E = 53 $kJ.mol^{-1}$ est quatre fois plus rapide à 40 °C qu'à 20 °C

134. Influence de la concentration

A. La vitesse d'une réaction varie toujours avec la variation de la concentration des réactifs [4]

B. Les produits n'ont jamais d'influence sur la vitesse de réaction [5]

C. L'ordre partiel par rapport à un constituant est égal au coefficient stoechiométrique [6]

D. L'ordre total est égal à la somme des ordres partiels

E. Si la vitesse de réaction s'exprime sous la forme $V = k\ C^{\alpha}$,
la pente de la courbe ln V = f (ln C) permet la détermination de l'ordre α

F. On dit qu'il y a dégénérescence de l'ordre total lorsque la concentration d'un des corps qui intervient dans l'expression de la vitesse reste pratiquement constante lors de l'avancement de la réaction

G. L'étude de la réaction : 2 No + $Br_2 \rightarrow$ 2 NOBr montre que si on double les concentrations de NO et Br_2, la vitesse est multipliée par 8 ; si on double uniquement NO, elle est multipliée par 4 ; on en déduit que V = k [NO] [Br_2] [7]

1) Il faut prendre en compte également un facteur stéréochimique (orientation du choc).
2) Elle dépend également du facteur de fréquence A.
3) $k_{800C} = 1,28 . 10^{-4} mol^{-1}.s^{-1}$.
4) Elle peut être indépendante de la variation de la concentration d'un des réactifs.
5) Très souvent oui, mais dans certains cas la vitesse peut dépendre de la concentration d'un produit.
6) Erreur à ne pas commettre : il est en général différent.
7) V = k$[NO]^2[Br_2]$, l'ordre total est de 3.

135. Avancement de la réaction. Réactions d'ordre 1
On étudie la cinétique de la réaction : $2\ N_2O_5 \rightarrow 4\ NO_2 + O_2$
à une température T ; on mesure pour différentes valeurs du temps t en secondes $[N_2O_5]$ sachant qu'à t = 0, on a $[N_2O_5]_0$

A. On trace la courbe ln $[N_2O_5]$ = f(t), c'est une droite ; on en déduit que la réaction est d'ordre 1 ☐ ☒
B. La pente de cette droite nous permet de déterminer la constante de vitesse k, elle est égale à k ☐ ☐
C. Pour vérifier que cette réaction est bien d'ordre 1, il suffit d'appliquer la relation ln($[N_2O_5]/[N_2O_5]0$) = k t ; si k reste constant pour les différentes valeurs de t, la réaction est bien d'ordre 1 ☐ ☐
D. Le temps de demi-réaction est indépendant de $[N_2O_5]_0$ ☐ ☒
E. Pour déterminer le temps t au bout duquel 99 % de N_2O_5 a disparu, on utilise la relation : t = ln 100/k ☐ ☒

136. Inversion du saccharose
On étudie à 25 °C l'inversion du saccharose :
$C_{12}H_{22}O_{11} + H_2O \rightarrow C_6H_{12}O_6 + C_6H_{12}O_6$

Saccharose glucose fructose
À t = 0 s, [saccharose]$_0$ = 1 mol.L^{-1} ; on mesure ensuite [saccharose] pour différentes valeurs de t : 30, 60, 90 et 180 mn ;
on trouve respectivement : 0,90, 0,80, 0,72 et 0,53 mol.L^{-1}

A. La vitesse de la réaction est V = d [saccharose]/dt ☐ ☐
B. On suppose que la réaction est d'ordre 1, on vérifie que la constante de vitesse k reste constante pour les différentes valeurs de t lorsqu'on applique la relation : ln ([saccharose]$_0$/[saccharose]) = k t ; on trouve respectivement 0,0035, 0,0037, 0,0036 et 0,0035 mol^{-1}.mn^{-1} ; la réaction est d'ordre 1 ☐ ☒
C. Le temps de demi-réaction est θ = 84 mn ☐ ☐
D. Pour vérifier que la réaction est d'ordre 1, on peut également faire varier la concentration initiale en saccharose et montrer que le temps de demi-réaction est indépendant de cette concentration initiale ☐ ☒
E. 99 % du saccharose a disparu à t = 1 278 mn ☐ ☒

1) La pente est égale à –k.
2) ln ($[N_2O_5]/[N_2O_5]_0$) = –k t.
3) V = –d[saccharose]/dt.
4) θ = 192 mn.

137. Avancement de la réaction. Ordre 2

À 300 °C, on étudie la réaction : $2\ NO_2 \rightarrow 2\ NO + O_2$;
on détermine $[NO_2]$ à différents instants t : 0, 5, 100 et 200 s ;
on trouve respectivement : 0,01, 0,0079, 0,0064 et 0,0048 $mol.L^{-1}$

- ☐ [1] ☐ A. Pour vérifier que la réaction est d'ordre 2, il suffit de vérifier que la courbe $[NO_2] = f(t)$ est une droite ; ce qui est le cas
- ☒ ☐ B. La constante de vitesse $k = 0{,}54\ mol^{-1}.s^{-1}$
- ☐ [2] ☐ C. Le temps de demi-réaction est indépendant de la concentration initiale en NO_2
- ☒ ☐ D. Le temps de demi-réaction est $\theta = 184$ s
- ☒ ☐ E. Le temps t au bout duquel 90 % de NO_2 a disparu est t = 1 667 s

138. Réaction d'ordre 2

On étudie la réaction : $S_2O_{8\ aq}^{2-} + 3I^-_{aq} \rightarrow 2\ SO_{4\ aq}^{2-} + I^-_{3\ aq}$.
Lors de 3 expériences, on détermine chaque fois la vitesse initiale de disparition de $S_2O_8^{2-}$:

Expérience	$[S_2O_8^{2-}]$ $mol.L^{-1}$	$[I^-]$ $mol.L^{-1}$	V $mol.l^{-1}.s^{-1}$
1	0,023	0,048	$6{,}8 \cdot 10^{-6}$
2	0,054	0,048	$1{,}6 \cdot 10^{-5}$
3	0,054	0,019	$6{,}3 \cdot 10^{-3}$

- ☒ ☐ A. On déduit de ces expériences que la réaction est d'ordre partiel égal à 1 par rapport aux 2 réactifs et d'ordre total 2
- ☐ [3] ☐ B. On peut donc écrire : $V = -\ d[S_2O_8^{2-}] / dt = -\ d[I^-]/dt = k[S_2O_8^{2-}]\ [I^-]$
- ☐ [4] ☐ C. On calcule $k = 2\ .\ 10^{-3}\ mol^{-1}.s^{-1}$
- ☒ ☐ D. Dans le cas où $[I^-]_0 = 100\ .\ [S_2O_8^{2-}]_0$, la réaction serait d'ordre 1

1) C'est la courbe $1/[NO2] = f(t)$ qui doit être une droite, ce qui est le cas.
2) C'est une caractéristique des réactions du premier ordre.
3) $V = -\ 1/3\ d[I^-]/dt$.
4) $k = 6{,}2\ .\ 10^{-3}\ mol^{-1}.s^{-1}$.

139. Mécanismes réactionnels

A. La connaissance du mécanisme d'une réaction permet de découvrir l'intimité de celle-ci pour intervenir éventuellement sur les différents paramètres ☐ ☒

B. La loi cinétique est en accord avec le mécanisme quand elle prend en compte la réaction la plus rapide ☐ ☐

C. Soit la réaction d'équation-bilan : $2\ NO_2 + O_3 \rightarrow N_2O_5 + O_2$; son mécanisme est :
$NO_2 + O_3 \rightarrow NO_3 + O_2$
$NO_3 + NO_2 \rightarrow N_2O_5$
On en déduit : $V = k\ [NO_2]\ [O_3]$ ☐ ☒

D. Pour une réaction élémentaire d'un mécanisme réactionnel, les ordres partiels par rapport aux réactifs sont égaux aux coefficients stoechiométriques ☐ ☒

On considère la réaction : $H_2 + Cl_2 \rightarrow 2\ HCl$; il s'agit d'une réaction en chaîne linéaire dont l'étape d'initiation est de nature photochimique :

E. Les étapes de propagation sont : $H. + Cl_2 \rightarrow HCl + Cl.$
$Cl. + H_2 \rightarrow HCl + H.$ ☐ ☐

F. Les réactions élémentaires suivantes : $Cl. + Cl. \rightarrow CL_2$
$H. + H. \rightarrow H_2$
$H. + Cl. \rightarrow HCl$
sont des réactions de rupture de la chaîne ☐ ☒

1) La réaction la plus lente définit la cinétique de la réaction.
2) $Cl. + H_2 \rightarrow HCl + H.$
$H. + Cl_2 \rightarrow HCl + Cl.$

140. Catalyse

A. Le catalyseur modifie les données thermodynamiques d'une réaction

B. L'action d'un catalyseur diminue souvent l'énergie nécessaire à la formation de l'étape de transition

C. Pour faciliter la décomposition du peroxyde d'oxygène : $2\ H_2O_2 \rightarrow 2\ H_2O + O_2$, on utilise des ions Fe^{2+} : $H_2O_2 + 2\ Fe^{2+} + 2\ H^+ \rightarrow 2\ H_2O + Fe^{3+}$

$$H_2O_2 + 2\ Fe^{3+} \rightarrow O_2 + 2\ Fe^{2+} + 2\ H^+$$

Fe^{2+} est un catalyseur ; il est restitué à la fin de la réaction sans intervenir dans l'équation-bilan

D. Un gramme de catalyseur solide de masse volumique $\rho = 3\ g \cdot cm^{-3}$ peut avoir une aire spécifique de $3\ m^2.g^{-1}$ s'il est divisé en sphères de 1 mm de rayon [1]

E. Lors d'une réaction autocatalytique, le catalyseur est un des réactifs de la réaction [2]

F. La réaction de combustion du glucose à 37 °C ne peut se réaliser qu'en présence d'enzymes adaptés

G. La décomposition de l'urée en milieu acide est catalysée par l'uréase : $CO(NH_2)_2 + H^+ + H_2O \rightarrow 2\ NH_4^+ + HCO_3^-$. À 25 °C, en présence d'uréase, l'énergie d'activation est $E^* = 37\ kJ.mol^{-1}$; sans catalyseur $E = 136{,}7\ kJ.mol^{-1}$; en conséquence, pour avoir la même vitesse, il faut opérer à 1 101 °C sans catalyseur [3]

1) $1\ m^2.g^{-1}$.
2) Le catalyseur est un des produits de la réaction.
3) Il faut opérer à 1 101 K ou 828 °C.

185

On étudie la réaction : $N_2O_5 \rightarrow N_2O_4 + 1/2\ O_2$ à une température T.

1. Si l'on admet, dans ce cas, que l'ordre par rapport au réactif se confond avec la molécularité, écrire l'équation différentielle de la vitesse de décomposition de N_2O_5.
2. Si, pour une concentration égale à 0,312 $mol.L^{-1}$ de N_2O_5, la vitesse de réaction est égale à $2{,}06.10^{-4}$ $mol.L^{-1}.s^{-1}$, calculer la constante de vitesse de la réaction à T.
3. Calculer le temps de demi-réaction.

186

L'étude cinétique d'une réaction : $A + B \rightarrow C$ est effectuée en préparant une solution des réactifs A et B en concentrations égales à une température T. En fonction du temps, on obtient les valeurs expérimentales suivantes des concentrations de A :

t (mn)	0	9	18	27
A (mM)	5,0	2,38	1,56	1,16

1. Quel est l'ordre cinétique général de cette réaction ?
2. Calculer la valeur de la constante de vitesse à la température de la réaction.
3. Une seconde expérience est réalisée avec : $[A]_0 = [B]_0 = 0{,}01$ M. Au bout de combien de secondes obtiendra-t-on : $[A] = 0{,}005$ M ?

187

Calculer la période ou temps de demi-réaction d'une réaction du premier ordre qui consomme 30 % du réactif initial après 40 minutes.

188

Le chlorure de sulfuryle SO_2Cl_2 se dissocie suivant une réaction du premier ordre. À 320 °C, $k = 2\ .\ 10^{-5}.s^{-1}$.

1. Calculer le pourcentage de SO_2Cl_2 dissocié au bout de 45 minutes.
2. Au bout de combien de temps 90 % de SO_2Cl_2 sera-t-il dissocié ?

189

50 mL d'acide méthanoïque M réduit en présence d'un catalyseur 50 ml de tropéoline (jaune de résorcine) 0,01 M suivant une réaction d'ordre global égal à 0. On étudie expérimentalement cette réaction à 25 °C.

1. Comment peut-on démontrer qu'il s'agit bien d'une réaction d'ordre global égal à 0 ?
2. Pouvez-vous formuler une hypothèse simple pour expliquer cet ordre ?

190

La saponification de l'éthanoate d'éthyle est une réaction d'ordre partiel égal à 1 pour les 2 réactifs. À 25 °C, le temps de demi-réaction est de 6 minutes pour une concentration initiale équimolaire en ester et hydroxyde de sodium égale à Co = 0,05 mol.L^{-1}. Quelle sera la composition du mélange au temps t = 12 minutes ?

191

L'hémoglobine se fixe à l'oxygène pour donner l'oxyhémoglobine :

$Hb + O_2 \leftrightarrow HbO_2$

L'étude expérimentale à 37 °C permet de mesurer la concentration en HbO_2 restant en solution en fonction du temps t. Proposer une méthode expérimentale permettant de déterminer l'ordre global de la réaction de dissociation de HbO_2 et sa constante de vitesse.

192

Une réaction : A $\rightarrow$ produits est du premier ordre. On détermine sa constante de vitesse à différentes températures et on trouve k = 2,1 . 10^{-4} ; 2,5 . 10^{-3} ; 8,1 . 10^{-3}.s^{-1} à respectivement 583 K ; 713 K et 783 K. Calculer l'énergie d'activation de cette réaction.

193

Une réaction a une énergie d'activation de 70 kJ. Quelle est la valeur du rapport des vitesses à 40 °C et 60 °C ?

194

Proposer le mécanisme de la réaction d'équation-bilan : $COCl_2 \rightarrow CO + Cl_2$, sachant qu'il s'agit d'une réaction en chaîne linéaire d'initiation photochimique.

195

La décomposition de l'eau oxygénée H_2O_2 est catalysée par les ions iodures I^- et le mécanisme de cette réaction en solution est

$H_2O_2 + I^- \rightarrow H_2O + IO^-$ (réaction très lente)

$IO^- + H_2O_2 \rightarrow H_2O + O_2g + I^-$ (réaction rapide)

1. Écrire l'équation-bilan de cette réaction.
2. Exprimer la vitesse de cette réaction.
3. Que peut-on dire des ions IO^- ?

185

1. $V = -(d[N_2O_5]/dt) = k\,[N_2O_5]$ (réaction d'ordre 1)
2. $k = 2{,}06\ .\ 10^{-4}/0{,}312 = 6{,}6\ .\ 10^{-4}.s^{-1}$
3. $t_{1/2} = \ln 2 / k$; $t_{1/2} = 1\ 050$ s, soit environ 17 mn.

186

1. On suppose l'ordre global de la réaction égal à 2. Elle doit vérifier l'équation concernant l'avancement d'une réaction d'ordre 2 :

   $[A] = [B]$
   $V = -(d[A]/dt) = k\,[A]\,[B] = k\,[A]^2$
   $(d[A]/[A]^2) = k\,dt$
   $1/[A] = k\,t + cst$ (à $t = 0$: $[A] = [A]_0$)
   $(1/[A] - 1/[A]_0) = k\,t$
   Cette équation est vérifiée si k reste constant.

t (s)	0	9	18	27
[A] (mM)	5	2,38	1,56	1,16
$(1/[A] - 1/[A]_0)$	0	0,22	0,44	0,66
k	0,024	0,024	0,024	

   La constante de vitesse k a une valeur constante : la réaction est bien une réaction d'ordre total 2.

2. $k = 0{,}024\ l.mM^{-1}.mn^{-1}$, soit $24\ l.mol^{-1}.mn^{-1}$
3. Il s'agit du temps de demi-réaction $t_{1/2}$:

   $t_{1/2} = (1/k)\,[1/([A]_0/2) - 1/[A]_0] = 1/(k\,[A]_0) = 1/(24\ .\ 0{,}01)$
   $= 4$ mn 10 s, soit 250 s

187

Soit une réaction du premier ordre : A → produits
$V = -(d[A]/dt) = k\,[A]$
$(d[A]/[A]) = -k\,dt$
$\ln [A] = -k\,t + cst$ (à $t = 0$: $[A] = [A]_0$)
$\ln ([A]_0/[A]) = k\,t$
$k = \ln (100/70)/40 = 8{,}9\ .\ 10^{-3}\ mn^{-1}$
$\ln 2 = k\,t_{1/2}$; $t_{1/2} = 77$ mn

188

1. $SO_2Cl_2 \leftrightarrow SO_2 + Cl_2$

   $V = -(d[SO_2Cl_2]/dt) = k\,[SO_2Cl_2]$
   Réaction du premier ordre : $\ln ([SO_2Cl_2]_0/[SO_2Cl_2]) = k\,t$
   Si on pose : $[SO_2Cl_2]_0 = 1$, $[SO_2Cl_2] = 1 - x$
   $Ln[1/(1 - x)] = k\,t = 2\ .\ 10^{-5}\ .\ (45\ .\ 60) = 0{,}054$
   $1/(1 - x) = 1{,}055$
   % dissocié = x . 100 = 0,053 . 100 = 5,3
2. $\ln (1/0{,}1) = k\,t$

   t = 115 129 s, soit environ 32 heures.

189

1. L'étude expérimentale permet de suivre en fonction du temps la disparition, par exemple, de la tropéoline qui est un colorant dont on peut titrer la concentration molaire. Si la courbe [tropéoline] = f(t) est une droite, la vitesse de réaction est donc constante en fonction du temps et il s'agit donc bien d'une réaction d'ordre global égal à 0.

2. L'examen des conditions initiales met en évidence que l'un des réactifs (l'acide méthanoïque) est en très grand excès par rapport à l'autre (la tropéoline) ; la concentration de l'acide méthanoïque reste pratiquement constante lors de l'avancement de cette réaction. On peut donc émettre l'hypothèse que la réaction est probablement d'ordre partiel égal à 1 par rapport à l'acide méthanoïque et que nous nous trouvons ici dans un cas de dégénérescence de cet ordre impliquant un ordre global expérimental égal à 0.

190

	$CH_3CO_2C_2H_5$	+ OH^- →	$CH_3CO_2^-$	+ C_2H_5OH
État initial	Co	Co	0	0
Au temps t	Co – x	Co – x	x	x

$V = d[CH_3CO_2^-] / dt = k\,[CH_3CO_2C_2H_5] . [OH^-]$

$= dx/dt = k\,(Co - x)^2$

Soit en intégrant cette réaction d'ordre global 2 :

$[1/(Co - x) - 1 / Co] = k\,t$

et $t_{1/2} = 1/(Co . k)$

$k = 1/(0{,}05 . 6) = 3{,}33\ l.mol^{-1}.mn^{-1}$

À t = 12 mn : $[(1/(Co - x)) - (1/0{,}05)] = 3{,}33 . 12$

$Co - x = 1{,}66 .10^{-2}\ mol.L^{-1}$

$[CH_3CO_2C_2H_5] = [OH^-] = 1{,}66.10^{-2}\ mol.L^{-1}$

$[CH_3CO_2^-] = [C_2H_5OH] = 3{,}33.10^{-2}\ mol.L^{-1}$

191

	HbO_2	$\rightarrow$ Hb	+ O_2	(supposée pratiquement totale)
t = 0	Co	0	0	
t	Co – x	x	x	

On peut faire l'hypothèse que la réaction est d'ordre 1 par rapport à HbO_2 :

$V = -(d[HbO_2]/dt) = k.[HbO_2]$

$= -(d(Co - x)/dt) = k.(Co - x)$

En intégrant cette réaction supposée du premier ordre :

$\log (Co - x) = (- k.t / 2{,}3) + \log Co$

On connaît Co et on mesure (Co – x) en fonction de t.

Pour vérifier suivant une méthode graphique que cette réaction est bien d'ordre 1, il suffit de tracer la courbe log (Co – x) = f(t). Si on obtient une droite, la relation est vérifiée, sa pente est (– k/2,3) et son ordonnée à l'origine log Co. Le calcul de cette pente permet donc de calculer la constante de vitesse k. Dans ce cas, la réaction est bien d'ordre 1 ; dans le cas contraire, on peut utiliser une méthode identique en supposant l'ordre global égal à 2. Cependant, l'ordre n'est pas obligatoirement un nombre entier et il faut retenir que l'ordre est une donnée expérimentale.

Remarque : on peut également calculer k pour les différentes expériences et si cette valeur reste constante, la relation est vérifiée. Une autre méthode expérimentale peut être utilisée pour les réactions d'ordre global 1 : il suffit de montrer que le temps de demi-réaction est indépendant de la concentration initiale.

192

En admettant la relation d'Arrhénius : $k = A^{e-(E/RT)}$.

$E = R [(\ln k_1 - \ln k_2)/(1/T_2 - 1/T_1)]$

ou $E = R [(T_1.T_2)/(T_2 - T_1)].\ln (k_2/k_1)$

pour un couple de 2 températures 1 et 2.

Pour les 3 couples de valeurs expérimentales que l'on peut utiliser, on trouve : 65,8 ; 69,3 et 77,9 kJ, d'où une valeur moyenne de 71 kJ.

Une autre méthode expérimentale peut être utilisée si on dispose de plus de données expérimentales. Comme : ln k = ln A – (E/R T), il suffit de tracer la courbe ln k = f(1/T) et la pente de la droite obtenue est égale à (– E/R) ce qui permet ensuite de calculer E.

193

On utilise la relation d'Arrhenius : $k = A^{e(-E/RT)}$.

$\ln (k_1/k_2) = \ln (V_1/V_2) = E/R\ (1/T_2 - 1/T_1)$

$= (70\,000/8{,}31).(1/333 - 1/313)$

$\ln (V_1/V_2) = - 1{,}347$; $V_1/V_2 = 0{,}25$

La réaction va 4 fois plus vite à 60 °C qu'à 40 °C.

194

Initiation : $Cl_2 \rightarrow 2\ Cl.$
Propagation : $Cl. + COCl_2 \rightarrow COCl. + Cl_2$
$COCl. \rightarrow CO + Cl.$
Rupture : $Cl. + Cl. \rightarrow Cl_2$

195

1. $2\ H_2O_2 \rightarrow 2\ H_2O + O_{2g}$.

2. L'étape lente détermine la vitesse. Comme il s'agit d'un processus élémentaire : $V = k\ [H_2O_2]\ [I^-]$
Réaction d'ordre global égal à 2.

3. IO^- est un composé intermédiaire qui n'existe ni à l'état initial ni à l'état final.

Annexes

Annexe 1

Classification périodique des éléments

Période	Groupes																	
	I_A	II_A	III_A	IV_A	V_A	VI_A	VII_A	VIII			I_B	II_B	III_B	IV_B	V_B	VI_B	VII_B	O
1	1 H 1.00797 hydrogène																	2 He 4.0026 hélium
2	3 Li 6.939 lithium	4 Be 9.0122 béryllium											5 B 10.811 bore	6 C 12.01115 carbone	7 N 14.0067 azote	8 O 15.9994 oxygène	9 F 18.9984 fluor	10 Ne 20.179 néon
3	11 Na 22.9898 sodium	12 Mg 24.305 magnésium											13 Al 26.9815 aluminium	14 Si 28.086 silicium	15 P 30.9738 phosphore	16 S 32.064 soufre	17 Cl 35.453 chlore	18 Ar 39.948 argon
4	19 K 39.102 potassium	20 Ca 40.08 calcium	21 Sc 44.956 scandium	22 Ti 47.90 titane	23 V 50.942 vanadium	24 Cr 51.996 chrome	25 Mn 54.9380 manganèse	26 Fe 55.847 fer	27 Co 58.9332 cobalt	28 Ni 58.71 nickel	29 Cu 63.546 cuivre	30 Zn 65.37 zinc	31 Ga 69.72 gallium	32 Ge 72.59 germanium	33 As 74.9216 arsenic	34 Se 78.96 sélénium	35 Br 79.904 brome	36 Kr 83.80 krypton
5	37 Rb 85.47 rubidium	38 Sr 87.62 strontium	39 Y 88.905 yttrium	40 Zr 91.22 zirconium	41 Nb 92.906 niobium	42 Mo 95.94 molybdène	43 Tc 98.91 technétium	44 Ru 101.07 ruthénium	45 Rh 102.905 rhodium	46 Pd 106.4 palladium	47 Ag 107.868 argent	48 Cd 112.40 cadmium	49 In 114.82 indium	50 Sn 118.69 étain	51 Sb 121.75 antimoine	52 Te 127.60 tellure	53 I 126.904 4 iode	54 Xe 131.30 xénon
6	55 Cs 132.905 césium	56 Ba 137.34 baryum	57 La 138.91 lanthane*	72 Hf 178.49 hafnium	73 Ta 180.948 tantale	74 W 183.85 tungstène	75 Re 186.2 rhénium	76 Os 190.2 osmium	77 Ir 92.2 iridium	78 Pt 195.09 platine	79 Au 196.967 or	80 Hg 200.59 mercure	81 Tl 204.37 thallium	82 Pb 207.19 plomb	83 Bi 208.980 bismuth	84 Po polonium	85 At astate	86 Rn radon
7	87 Fr 223 francium	88 Ra 226 radium	89 Ac 227 actinium	90 Th 232.038 thorium	91 Pa 231 protactinium	92 U 238.03 uranium*				96 Cm 244 curium ***								

Masses atomiques relatives, rapportées à $^{12}C = 12$.
** Lanthanides 57 à 71. La. Ce. Pr. Nd. Pm. Sm. Eu. Gd. Tb. Dy. Ho. Er. Tm. Yb. Lu.*
*** Uranides 92 à 95. U. Np. Pu. Am.*
**** Curides 96 à 103. Cm. Bk. Cf. Es. Fm. Md. No. Lw.*

Légende : Nombre atomique / **Symbole** / *Masse atomique* / *Élément*

Métaux

Éléments de transition

Non métaux

Annexe 2

CONSTANTES PHYSICO-CHIMIQUES LES PLUS USUELLES (SYSTÈME MKSA)		
Grandeur	**Symbole**	**Valeur**
Nombre d'Avogadro	N	$6{,}022045.10^{23}$ mol^{-1}
Constante de Planck	h	$6{,}626176.10^{-34}$ J.s
Constante de Rydberg	R	$1{,}097373.10^{7}$ m^{-1}
Constante de Bolzmann	k	$1{,}380662.10^{-23}$ $J.K^{-1}$
Constante des gaz parfaits	R	8,311441 $J.mol^{-1}.K^{-1}$
Constante de Faraday	F	96484,6 $C.mol^{-1}$
Charge élémentaire	e	$1{,}6021892.10^{-19}$ C
Unité de masse atomique	u.m.a	$1{,}660565.10^{-27}$ kg
Masse de l'électron (au repos)	m_e	$9{,}10953.10^{-31}$ kg
Masse du proton (au repos)	m_p	$1{,}67265.10^{-27}$ kg
Masse du neutron (au repos)	m_n	$1{,}67495.10^{-27}$ kg
Volume molaire normal du gaz parfait	v_0	$2{,}24136.10^{-2}$ $m^3.mol^{-1}$
Vitesse de la lumière dans le vide	c	$2{,}997924.10^{8}$ $m.s^{-1}$
Équivalent mécanique de la calorie		1 cal = 4,1855 J
Zéro de l'échelle Celsius	0°C	273,15 K
Chaleur massique de l'eau : – glace à – 3 °C – liquide à 14,5 °C – vapeur à 100 °C	 c_g c_l c_v	 2,092 $J.g^{-1}.K^{-1}$ 4,184 $J.g^{-1}.K^{-1}$ 1,841 J.g–1.K^{-1}

Annexe 3

Échelle d'électronégativité

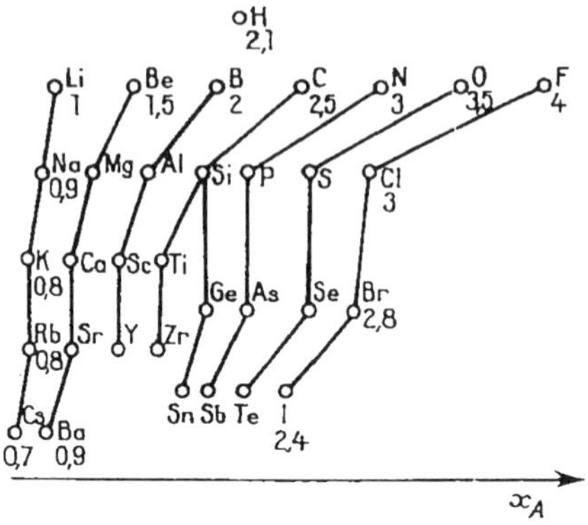

400794 - (II) - (1) - OSB100 - NOCOMP

ELSEVIER MASSON SAS
62, rue Camille-Desmoulins
92442 Issy-les-Moulineaux Cedex
Dépôt légal : janvier 2007

Achevé d'imprimer sur les presses de
SNEL Grafics sa
Z.I. des Hauts-Sarts - Zone 3
Rue Fond des Fourches 21 – B-4041 Vottem (Herstal)
Tél +32 (0)4 344 65 60 - Fax +32 (0)4 286 99 61
janvier 2007 – 40783

Imprimé en Belgique